WS 373.7 BRI

D1353557

1890947

Wyn Brice, Linda Mason,
Tony Timbrell

TGAU MATHEMATEG
HAEN UWCH ar gyfer CBAC

LLYFR GWAITH CARTREF

Cyhoeddwyd dan nawdd
Cynllun Cyhoeddiadau Cyd-bwyllgor Addysg Cymru

UNIVERSITY OF WALES, NEWPORT
LIBRARY
AND
INFORMATION
SERVICES
CAERLEON

Hodder Murray
www.hoddereducation.co.uk

TGAU Mathemateg
Haen Uwch ar gyfer CBAC
Llyfr Gwaith Cartref
Addasiad Cymraeg o *Higher GCSE Mathematics for WJEC Homework Book* a gyhoeddwyd gan Hodder Murray.

Noddwyd gan Lywodraeth Cynulliad Cymru
Cyhoeddwyd dan nawdd
Cynllun Cyhoeddiadau Cyd-bwyllgor Addysg Cymru

Polisi Hodder Headline yw defnyddio papurau sydd yn gynhyrchion naturiol, adnewyddadwy ac ailgylchadwy o goed a dyfwyd mewn coedwigoedd cynaliadwy. Disgwylir i'r prosesau torri coed a'u gweithgynhyrchu gydymffurfio â rheoliadau amgylcheddol y mae'r cynnyrch yn tarddu ohoni.

Archebion: cysyllter â Bookpoint Ltd, 130 Milton Park, Abingdon, Oxon OX14 4SB.
Ffôn: (44) 01235 827720. Ffacs: (44) 01235 400454. Mae'r llinellau ar agor 9.00–5.00, dydd Llun i ddydd Sadwrn, ac mae gwasanaeth ateb negeseuon 24-awr. Ewch i'n gwefan www.hoddereducation.co.uk.

© Howard Baxter, Michael Handbury, John Jeskins, Jean Matthews, Mark Patmore, Brian Seager 2006 (Yr argraffiad gwreiddiol)
© Wyn Brice, Linda Mason, Tony Timbrell 2006 (Yr argraffiad Saesneg ar gyfer CBAC)
© Cyd-bwyllgor Addysg Cymru 2007 (Yr argraffiad hwn ar gyfer CBAC)
Cyhoeddwyd gyntaf yn 2007 gan
Hodder Murray, un o wasgnodau Hodder Education,
aelod o Hodder Headline Group, ac yn un o gwmnïoedd Hachette Livre UK
338 Euston Road
London NW1 3BH

Rhif yr argraffiad   10 9 8 7 6 5 4 3 2 1
Blwyddyn   2011   2010   2009   2008   2007

Cedwir pob hawl. Heblaw am ddefnydd a ganiateir o dan gyfraith hawlfraint y DU, ni chaniateir atgynhyrchu na thrawsyrru unrhyw ran o'r cyhoeddiad hwn mewn unrhyw ffurf na thrwy unrhyw gyfrwng, yn electronig nac yn fecanyddol, gan gynnwys llungopïo, recordio neu unrhyw system storio ac adfer gwybodaeth, heb ganiatâd ysgrifenedig gan y cyhoeddwr neu dan drwydded gan yr Asiantaeth Drwyddedu Hawlfraint Gyfyngedig / The Copyright Licensing Agency Limited. Mae manylion pellach am y fath drwyddedau (i atgynhyrchu trwy reprograffeg) ar gael gan yr Asiantaeth Drwyddedu Hawlfraint Gyfyngedig / The Copyright Licensing Agency Limited, 90 Tottenham Court Road, London W1T 4LP.

Addasiad Cymraeg gan Colin Isaac a Huw Roberts

Llun y clawr © Garry Gay/Photographer's Choice/Getty Images
Cysodwyd yn 10/12 pt Times gan Tech-Set Ltd, Gateshead, Tyne a Wear.
Argraffwyd ym Malta.

Mae cofnod catalog ar gael gan y Llyfrgell Brydeinig.

ISBN: 978 0340 938 874

Mae'r llyfr hwn yn cynnwys ymarferion sydd i'w defnyddio wrth astudio ar gyfer TGAU Mathemateg Haen Uwch. Fe'i hanelir yn benodol at fyfyrwyr sy'n dilyn Manyleb Linol 2006 CBAC, ac mae'r ymarferion ar y cyfan yn cyfateb i'r rhai sydd yn y Llyfr Disgybl, *TGAU Mathemateg Haen Uwch ar gyfer CBAC*.

Yn y Llyfr Gwaith Cartref hwn, mae'r ymarferion cyfatebol yn dwyn yr un rhif ac yn diweddu â GC. Felly, er enghraifft, os ydych chi wedi bod yn gweithio ar ganrannau yn y dosbarth ac wedi defnyddio Ymarfer 22.1 yn y Llyfr Disgybl, 22.1GC fydd pennawd yr ymarfer yn y Llyfr Gwaith Cartref. Mae'r ymarferion gwaith cartref yn ymdrin â'r un agwedd ar fathemateg. Mewn rhai o'r penodau y mae hefyd ymarferion adolygu sy'n cyfateb i'r ymarferion cymysg yn y gwerslyfr ac mae rhai'n cynnwys cwestiynau sydd wedi ymddangos ym mhapurau arholiad CBAC.

Yn debyg i'r gwerslyfr, ni ddylech ddefnyddio cyfrifiannell i ateb cwestiynau sy'n dangos y symbol ddi-gyfrifiannell. Mae datrys y cwestiynau hyn heb gyfrifiannell yn rhagbaratoad hanfodol ar gyfer y rhan ddi-gyfrifiannell yn y papurau arholiad.

Mae'r ymarferion gwaith cartref hyn yn cynnig ymarfer ychwanegol, ac mae maint y llyfr yn ei gwneud hi'n hawdd ei gario adref! Os ydych chi wedi deall y topigau, dylai fod yn bosibl i chi ymdopi'n hyderus â'r ymarferion hyn gan nad ydynt yn fwy anodd na'r rhai a wnaethoch eisoes yn y dosbarth, ac mae ambell un o bosibl fymryn yn haws. Tybed a fyddwch chi'n cytuno.

1 ➔ CYFANRIFAU, PWERAU AC ISRADDAU

YMARFER 1.1GC

Ysgrifennwch bob un o'r rhifau hyn fel lluoswm ei ffactorau cysefin.

1	14	**2**	16
3	28	**4**	35
5	42	**6**	49
7	108	**8**	156
9	225	**10**	424

YMARFER 1.2GC

Ar gyfer pob un o'r parau hyn o rifau
- ysgrifennwch y rhifau fel lluosymiau eu ffactorau cysefin.
- nodwch y ffactor cyffredin mwyaf.
- nodwch y lluosrif cyffredin lleiaf.

1	6 ac 8	**2**	8 ac 18
3	15 a 25	**4**	36 a 48
5	25 a 55	**6**	33 a 55
7	54 a 72	**8**	30 a 40
9	45 a 63	**10**	24 a 50

YMARFER 1.3GC

Cyfrifwch y rhain.

1	2×3	**2**	-5×8
3	-6×-2	**4**	-4×6
5	5×-7	**6**	-3×7
7	-4×-5	**8**	$28 \div -7$
9	$-25 \div 5$	**10**	$-20 \div 4$
11	$24 \div 6$	**12**	$-15 \div -3$
13	$-35 \div 7$	**14**	$64 \div -8$
15	$27 \div -9$	**16**	$3 \times 6 \div -9$
17	$-42 \div -7 \times -3$		
18	$5 \times 6 \div -10$		
19	$-9 \times 4 \div -6$		
20	$-5 \times 6 \times -4 \div -8$		

YMARFER 1.4GC

 Peidiwch â defnyddio cyfrifiannell i ateb cwestiynau **1** a **2**.

1 Ysgrifennwch werth pob un o'r rhain.
- **(a)** 1^2
- **(b)** 13^2
- **(c)** $\sqrt{64}$
- **(ch)** $\sqrt{196}$
- **(d)** 3^3
- **(dd)** 5^3
- **(e)** $\sqrt[3]{8}$
- **(f)** $\sqrt[3]{64}$

2 Hyd ochrau ciwb yw 4 cm.
Beth yw ei gyfaint?

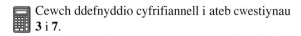 Cewch ddefnyddio cyfrifiannell i ateb cwestiynau **3** i **7**.

3 Sgwariwch bob un o'r rhifau hyn.
- **(a)** 20
- **(b)** 42
- **(c)** 5.1
- **(ch)** 60
- **(d)** 0.9

4 Ciwbiwch bob un o'r rhifau hyn.
- **(a)** 7
- **(b)** 3.5
- **(c)** 9.4
- **(ch)** 20
- **(d)** 100

5 Darganfyddwch ail isradd pob un o'r rhifau hyn.
Lle bo angen, rhowch eich ateb yn gywir i 2 le degol.
- **(a)** 900
- **(b)** 75
- **(c)** 284
- **(ch)** 31 684
- **(d)** 40 401

6 Darganfyddwch drydydd isradd pob un o'r rhifau hyn.
Lle bo angen, rhowch eich ateb yn gywir i 2 le degol.
- **(a)** 729
- **(b)** 144
- **(c)** 9.261
- **(ch)** 4848
- **(d)** 100 000

7 Arwynebedd sgwâr yw 80 cm^2.
Beth yw hyd un o'i ochrau? Rhowch eich ateb yn gywir i 2 le degol.

YMARFER 1.5GC

1 Ysgrifennwch y rhain ar ffurf symlach gan ddefnyddio indecsau.
   (a) $2 \times 2 \times 2 \times 2 \times 2 \times 2$
   (b) $7 \times 7 \times 7 \times 7$
   (c) $2 \times 2 \times 3 \times 3 \times 3 \times 3 \times 5 \times 5 \times 5$

2 Cyfrifwch y rhain, gan roi eich atebion ar ffurf indecs.
   (a) $2^2 \times 2^4$ **(b)** $3^6 \times 3^2$
   (c) $4^2 \times 4^3$ **(ch)** $5^6 \times 5$

3 Cyfrifwch y rhain, gan roi eich atebion ar ffurf indecs.
   (a) $5^5 \div 5^2$ **(b)** $7^8 \div 7^2$
   (c) $2^6 \div 2^4$ **(ch)** $3^7 \div 3^3$

4 Cyfrifwch y rhain, gan roi eich atebion ar ffurf indecs.
   (a) $5^5 \times 5^2 \div 5^2$ **(b)** $10^4 \times 10^6 \div 10^5$
   (c) $8^3 \times 8^3 \div 8^4$ **(ch)** $3^5 \times 3 \div 3^3$

5 Cyfrifwch y rhain, gan roi eich atebion ar ffurf indecs.
   (a) $\dfrac{2^5 \times 2^4}{2^3}$ **(b)** $\dfrac{3^7}{3^5 \times 3^2}$

   (c) $\dfrac{5^5 \times 5^4}{5^2 \times 5^3}$ **(ch)** $\dfrac{7^5 \times 7^2}{7^2 \times 7^4}$

6 **(a)** Ysgrifennwch bob un o'r rhifau hyn fel lluoswm ei ffactorau cysefin.
   (i) 36   **(ii)** 49   **(iii)** 64
   (iv) 100   **(v)** 324
   (b) Mae pob rhif sydd yn rhan **(a)** yn rhif sgwâr. Ysgrifennwch yr hyn sy'n tynnu eich sylw ynglŷn â phob un o'r pwerau (indecsau) yn **(a)**.

7 Ysgrifennwch 50 fel lluoswm ei ffactorau cysefin. Beth yw'r rhif lleiaf y mae angen lluosi 50 ag ef er mwyn cael ateb sy'n rhif sgwâr?

8 **(a)** Ysgrifennwch bob un o'r rhifau hyn fel lluoswm ei ffactorau cysefin.
   (i) 12   **(ii)** 27   **(iii)** 60
   (iv) 75   **(v)** 112
   (b) I bob rhif yn rhannau **(i)** i **(v)**, darganfyddwch y rhif lleiaf y mae angen lluosi ag ef er mwyn cael ateb sy'n rhif sgwâr.

YMARFER 1.6GC

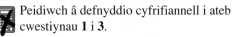 Peidiwch â defnyddio cyfrifiannell i ateb cwestiynau **1** i **3**.

1 Ysgrifennwch y cilydd i bob un o'r rhifau hyn.
   (a) 4   **(b)** 9   **(c)** 65
   (ch) 10   **(d)** 4.5

2 Ysgrifennwch y rhifau y mae pob un o'r rhain yn gilyddion iddynt.
   (a) $\frac{1}{6}$ **(b)** $\frac{1}{10}$ **(c)** $\frac{1}{25}$
   (ch) $\frac{1}{71}$ **(d)** $\frac{2}{15}$

3 Darganfyddwch y cilydd i bob un o'r rhifau hyn.
   Rhowch eich atebion fel ffracsiynau neu rifau cymysg.
   (a) $\frac{3}{5}$ **(b)** $\frac{4}{9}$ **(c)** $2\frac{2}{5}$
   (ch) $5\frac{1}{3}$ **(d)** $\frac{3}{100}$

Cewch ddefnyddio cyfrifiannell i ateb cwestiwn **4**.

4 Darganfyddwch y cilydd i bob un o'r rhifau hyn.
   Rhowch eich atebion fel degolion.
   (a) 25   **(b)** 0.2   **(c)** 6.4
   (ch) 625   **(d)** 0.16

YMARFER 2.1GC

Ehangwch y rhain.

1 $7(3a + 6b)$ 2 $5(2c + 3d)$

3 $4(3e - 5f)$ 4 $3(7g - 2h)$

5 $3(4i + 2j - 3k)$ 6 $3(5m - 2n + 3p)$

7 $6(4r - 3s - 2t)$ 8 $8(4r + 2s + t)$

9 $4(3u + 5v)$ 10 $6(4w + 3x)$

11 $2(5y + z)$ 12 $4(3y + 2z)$

13 $5(3v + 2)$ 14 $3(7 + 4w)$

15 $5(1 - 3a)$ 16 $3(8g - 5)$

YMARFER 2.2GC

Ehangwch y cromfachau a symleiddiwch y rhain.

1 (a) $3(4a + 5) + 2(3a + 4)$
   (b) $5(4b + 3) + 3(2b + 1)$
   (c) $2(3 + 6c) + 4(5 + 7c)$

2 (a) $2(4x + 5) + 3(5x - 2)$
   (b) $4(3y + 2) + 5(3y - 2)$
   (c) $3(4 + 7z) + 2(3 - 5z)$

3 (a) $4(4s + 3t) + 5(2s + 3t)$
   (b) $3(4v + 5w) + 2(3v + 2w)$
   (c) $6(2x + 5y) + 3(4x + 2y)$
  (ch) $2(5v + 4w) + 3(2v + w)$

4 (a) $5(2n + 5p) + 4(2n - 5p)$
   (b) $3(4q + 6r) + 5(2q - 3r)$
   (c) $7(3d + 2e) + 5(3d - 2e)$
  (ch) $5(3f + 8g) + 4(3f - 9g)$
   (d) $4(5h - 6j) - 6(2h - 5j)$
  (dd) $4(5k - 6m) - 3(2k - 5m)$

YMARFER 2.3GC

Ffactoriwch y rhain.

1 (a) $8x + 20$ (b) $3x + 6$
   (c) $9x - 12$ (ch) $5x - 30$

2 (a) $16 + 8x$ (b) $9 + 15x$
   (c) $12 - 16x$ (ch) $8 - 12x$

3 (a) $4x^2 + 16x$ (b) $6x^2 + 30x$
   (c) $8x^2 - 20x$ (ch) $9x^2 - 15x$

YMARFER 2.4GC

Ehangwch y cromfachau a symleiddiwch y rhain.

1 (a) $(a + 5)(a + 3)$
   (b) $(b + 2)(b + 4)$
   (c) $(4 + c)(3 + c)$

2 (a) $(2d + 3)(4d - 3)$
   (b) $(5e + 4)(3e - 2)$
   (c) $(3 + 8f)(2 - 5f)$

3 (a) $(3g - 2)(5g - 6)$
   (b) $(4h - 5)(3h - 7)$
   (c) $(5j - 6)(3j - 8)$

4 (a) $(3k + 7)(4k - 5)$
   (b) $(2 + 7m)(3 - 8m)$
   (c) $(4 + 3n)(2 - 5n)$

5 (a) $(2 + 5p)(3 - 7p)$
   (b) $(5r - 6)(2r - 5)$
   (c) $(3s - 2)(4s - 9)$

YMARFER 2.5GC

Symleiddiwch bob un o'r canlynol, gan ddefnyddio nodiant indecs i ysgrifennu eich ateb.

1 (a) $7 \times 7 \times 7 \times 7 \times 7$
   (b) $3 \times 3 \times 3 \times 3 \times 3$
   (c) $2 \times 2 \times 2 \times 2 \times 2 \times 2$

2 (a) $d \times d \times d \times d \times d \times d \times d$
   (b) $m \times m \times m \times m \times m \times m$
   (c) $t \times t \times t \times t \times t \times t \times t$

3 (a) $a \times a \times a \times a \times b \times b$
   (b) $c \times c \times c \times c \times d \times d \times d \times d \times d$
   (c) $r \times r \times r \times s \times s \times t \times t \times t \times t$

4 (a) $2x \times 3y \times 6z$
   (b) $2a \times 3b \times 4c$
   (c) $r \times 2s \times 3t \times 4s \times 5r$

YMARFER 3.1GC

Darganfyddwch arwynebedd pob un o'r trionglau hyn.

1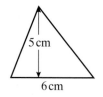
5 cm
6 cm

2
10 cm
8 cm

3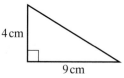
4 cm
9 cm

4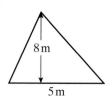
8 m
5 m

5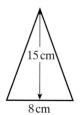
15 cm
8 cm

6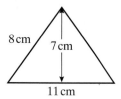
20 cm
16 cm

7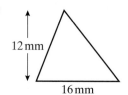
12 mm
16 mm

8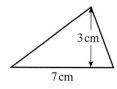
3 cm
7 cm

9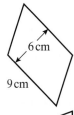
8 cm
7 cm
11 cm

10
12 cm
20 cm
16 cm

YMARFER 3.2GC

Darganfyddwch arwynebedd pob un o'r paralelogramau hyn.

1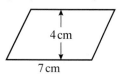
4 cm
7 cm

2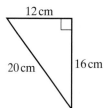
6 cm
9 cm

3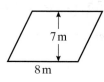
10 cm
2.5 cm

4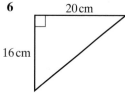
7 m
8 m

5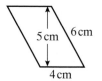
5 cm 6 cm
4 cm

6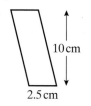
4 cm
5.5 cm

7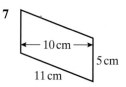
10 cm
5 cm
11 cm

8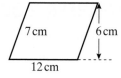
7 cm 6 cm
12 cm

Darganfyddwch yr hyd coll yn y ddau ddiagram hyn.

9

u cm

5 cm

Arwynebedd $= 40\,\text{cm}^2$

10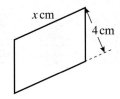

x cm

4 cm

Arwynebedd $= 45\,\text{cm}^2$

YMARFER 3.3GC

Darganfyddwch faint pob ongl sydd wedi ei nodi â llythyren. Rhowch reswm dros bob ateb.

1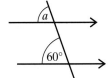
a
$60°$

2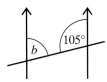
b
$105°$

3
$65°$
c

4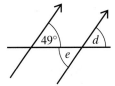
$49°$
d
e

5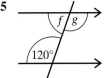
f g
$120°$

6
$100°$
h i

7
k
j
$60°$

8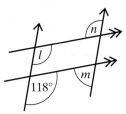
n
l
m
$118°$

9
$40°$ $133°$
p o

10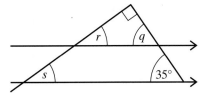
r q
s $35°$

YMARFER 3.4GC

Darganfyddwch faint pob ongl sydd wedi ei nodi â llythyren. Rhowch reswm dros bob ateb.

1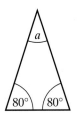
a
$80°$ $80°$

2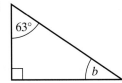
$63°$
b

3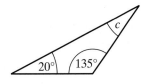
c
$20°$ $135°$

4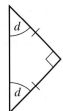
d
d

5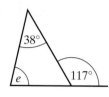

6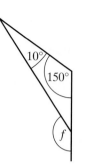

7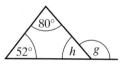

8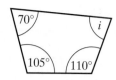

9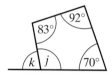

10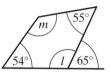

YMARFER 3.5GC

1 Enwch bob un o'r pedrochrau hyn.

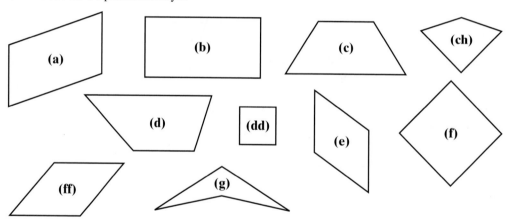

2 Enwch y pedrochr neu'r pedrochrau sydd â'r priodweddau canlynol.
   (a) Pedair ongl sgwâr
   (b) Y ddau bâr o ochrau cyferbyn yn baralel
   (c) Croesliniau hafal
   (ch) O leiaf un pâr o ochrau cyferbyn yn baralel
   (d) Croesliniau sy'n haneru ei gilydd

3 Plotiwch bob set o bwyntiau ar bapur sgwariau ac unwch nhw yn eu trefn er mwyn gwneud pedrochr.

Defnyddiwch grid gwahanol ar gyfer pob rhan.

Ysgrifennwch enw arbennig pob pedrochr.

(a) (3, 0), (5, 2), (3, 4), (1, 2)   **(b)** (2, 1), (4, 1), (4, 5), (2, 5)

(c) (1, 2), (3, 1), (3, 6), (1, 7)   **(ch)** (2, 1), (2, 5), (8, 2), (8, 4)

4 Mae rhombws yn fath arbennig o baralelogram.

Pa briodweddau ychwanegol sydd gan rombws?

5 Mae gan bedrochr onglau 80°, 100°, 80°, 100° yn eu trefn wrth i chi fynd o un i'r nesaf o gwmpas y pedrochr. Nid yw hyd pob ochr yr un faint.

Pa bedrochr arbennig allai fod â'r onglau hyn?

Lluniadwch y pedrochr a nodwch yr onglau arno.

YMARFER 3.6GC

1 Mae gan bolygon 9 ochr.

Cyfrifwch swm onglau mewnol y polygon hwn

2 Mae gan bolygon 13 ochr.

Cyfrifwch swm onglau mewnol y polygon hwn

3 Mae pedair o onglau allanol hecsagon yn 93°, 50°, 37° ac 85°.

Mae'r ddwy ongl arall yn hafal.

(a) Cyfrifwch faint y ddwy ongl allanol hafal hyn.

(b) Cyfrifwch faint onglau mewnol yr hecsagon.

4 Mae pedair o onglau mewnol pentagon yn 170°, 80°, 157° a 75°.

(a) Cyfrifwch faint yr ongl fewnol arall.

(b) Cyfrifwch faint onglau allanol y pentagon.

5 Mae gan bolygon rheolaidd 18 ochr.

Cyfrifwch faint onglau allanol a mewnol y polygon hwn.

6 Mae gan bolygon rheolaidd 24 ochr.

Cyfrifwch faint onglau allanol a mewnol y polygon hwn.

7 Maint ongl allanol polygon rheolaidd yw 12°.

Cyfrifwch nifer yr ochrau sydd gan y polygon.

8 Maint ongl fewnol polygon rheolaidd yw 172°.

Cyfrifwch nifer yr ochrau sydd gan y polygon.

YMARFER 4.1GC

1 I bob pâr o ffracsiynau
- darganfyddwch y cyfenwadur.
- nodwch pa un yw'r ffracsiwn mwyaf.

(a) $\frac{7}{8}$ neu $\frac{3}{4}$ (b) $\frac{5}{9}$ neu $\frac{7}{11}$ (c) $\frac{1}{6}$ neu $\frac{3}{20}$

2 Cyfrifwch y rhain.

(a) $\frac{3}{7} + \frac{2}{7}$ (b) $\frac{7}{15} + \frac{4}{15}$

(c) $\frac{8}{11} - \frac{3}{11}$ (ch) $\frac{11}{17} - \frac{8}{17}$

(d) $\frac{7}{16} + \frac{3}{16}$ (dd) $\frac{7}{9} + \frac{4}{9}$

(e) $\frac{7}{12} - \frac{5}{12}$ (f) $\frac{8}{11} + \frac{5}{11}$

(ff) $2\frac{4}{7} + 3\frac{1}{7}$ (g) $4\frac{5}{6} - 1\frac{1}{6}$

(ng) $5\frac{9}{13} - \frac{4}{13}$ (h) $4\frac{3}{8} - 1\frac{1}{8}$

3 Cyfrifwch y rhain.

(a) $\frac{2}{9} + \frac{1}{3}$ (b) $\frac{7}{12} + \frac{1}{4}$

(c) $\frac{3}{4} - \frac{1}{10}$ (ch) $\frac{13}{16} - \frac{3}{8}$

(d) $\frac{7}{8} + \frac{1}{3}$ (dd) $\frac{4}{5} + \frac{5}{6}$

(e) $\frac{7}{12} - \frac{1}{8}$ (f) $\frac{9}{20} + \frac{3}{4}$

(ff) $\frac{7}{11} + \frac{3}{5}$ (g) $\frac{7}{12} + \frac{7}{10}$

(ng) $\frac{7}{8} - \frac{1}{6}$ (h) $\frac{7}{15} - \frac{3}{20}$

4 Cyfrifwch y rhain.

(a) $4\frac{1}{4} + 3\frac{1}{3}$ (b) $6\frac{8}{9} - 1\frac{2}{3}$

(c) $5\frac{3}{8} + \frac{1}{4}$ (ch) $5\frac{11}{16} - 2\frac{1}{8}$

(d) $2\frac{5}{6} + 3\frac{1}{4}$ (dd) $6\frac{8}{9} - 2\frac{1}{6}$

(e) $3\frac{5}{8} + 4\frac{7}{10}$ (f) $5\frac{7}{11} - 5\frac{1}{3}$

(ff) $4\frac{3}{4} + 3\frac{2}{7}$ (g) $6\frac{1}{4} - 2\frac{2}{3}$

(ng) $7\frac{1}{9} - 2\frac{1}{2}$ (h) $5\frac{3}{10} - 4\frac{4}{5}$

YMARFER 4.2GC

1 Newidiwch y rhifau cymysg hyn yn ffracsiynau pendrwm.

(a) $4\frac{3}{5}$ (b) $6\frac{1}{4}$ (c) $3\frac{4}{7}$ (ch) $1\frac{5}{9}$

(d) $4\frac{5}{6}$ (dd) $7\frac{3}{10}$ (e) $4\frac{7}{8}$

2 Cyfrifwch y rhain.
Ysgrifennwch eich atebion fel ffracsiynau bondrwm neu rifau cymysg yn eu ffurf symlaf.

(a) $\frac{3}{7} \times 5$ (b) $\frac{5}{9} \times 6$ (c) $\frac{3}{5} \div 4$

(ch) $6 \times \frac{5}{11}$ (d) $\frac{2}{9} \div 4$ (dd) $9 \div \frac{3}{8}$

3 Cyfrifwch y rhain.
Ysgrifennwch eich atebion fel ffracsiynau bondrwm neu rifau cymysg yn eu ffurf symlaf.

(a) $\frac{2}{3} \times \frac{5}{7}$ (b) $\frac{1}{8} \times \frac{5}{6}$ (c) $\frac{7}{9} \times \frac{2}{5}$

(ch) $\frac{5}{8} \div \frac{3}{4}$ (d) $\frac{3}{8} \div \frac{1}{3}$ (dd) $\frac{4}{9} \times \frac{5}{11}$

(e) $\frac{6}{7} \times \frac{1}{8}$ (f) $\frac{7}{15} \div \frac{2}{3}$ (ff) $\frac{7}{12} \times \frac{3}{8}$

(g) $\frac{9}{16} \div \frac{7}{12}$ (ng) $\frac{7}{10} \div \frac{5}{12}$ (h) $\frac{7}{30} \times \frac{10}{21}$

4 Cyfrifwch y rhain.
Ysgrifennwch eich atebion fel ffracsiynau bondrwm neu rifau cymysg yn eu ffurf symlaf.

(a) $4\frac{3}{4} \times 1\frac{7}{9}$ (b) $3\frac{2}{3} \times \frac{1}{5}$

(c) $4\frac{2}{5} \div 2\frac{4}{5}$ (ch) $1\frac{3}{11} \div 3\frac{1}{2}$

(d) $4\frac{1}{2} \times 3\frac{2}{3}$ (dd) $3\frac{5}{9} \div 2\frac{2}{3}$

(e) $3\frac{2}{7} \times 1\frac{5}{9}$ (f) $2\frac{5}{8} \div 1\frac{5}{6}$

(ff) $1\frac{7}{15} \times 12\frac{1}{2}$ (g) $5\frac{3}{5} \div 1\frac{3}{4}$

(ng) $6\frac{2}{9} \times 2\frac{1}{8}$ (h) $7\frac{1}{2} \div 2\frac{3}{5}$

YMARFER 4.3GC

1 Cyfrifwch y rhain.

    (a) $\frac{3}{4} + \frac{1}{6}$ **(b)** $\frac{5}{8} - \frac{2}{7}$

    (c) $\frac{5}{9} \times \frac{3}{8}$ **(ch)** $\frac{7}{16} \div \frac{5}{12}$

    (d) $1\frac{4}{5} + 2\frac{3}{4}$ **(dd)** $6\frac{3}{7} - 2\frac{1}{3}$

    (e) $5\frac{3}{5} \times 4$ **(f)** $4\frac{5}{9} \div 1\frac{1}{6}$

2 Ysgrifennwch y ffracsiynau hyn yn eu ffurf symlaf.

    (a) $\frac{40}{125}$ **(b)** $\frac{28}{49}$ **(c)** $\frac{72}{192}$

   (ch) $\frac{225}{350}$ **(d)** $\frac{17}{153}$

3 Ysgrifennwch y ffracsiynau pendrwm hyn fel rhifau cymysg.

    (a) $\frac{120}{72}$ **(b)** $\frac{150}{13}$ **(c)** $\frac{86}{19}$

   (ch) $\frac{192}{54}$ **(d)** $\frac{302}{17}$

4 Cyfrifwch

    (a) perimedr y petryal hwn.

    (b) arwynebedd y petryal hwn.

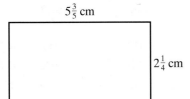

$5\frac{3}{5}$ cm

$2\frac{1}{4}$ cm

YMARFER 4.4GC

1 Newidiwch bob un o'r ffracsiynau hyn yn ddegolyn.
Os oes angen, rhowch eich ateb yn gywir i 3 lle degol.

    (a) $\frac{7}{8}$ **(b)** $\frac{7}{100}$

    (c) $\frac{5}{9}$ **(ch)** $\frac{2}{11}$

2 Nodwch a yw pob un o'r ffracsiynau hyn yn rhoi degolyn cylchol neu ddegolyn terfynus. Rhowch eich rhesymau.

    (a) $\frac{3}{4}$ **(b)** $\frac{5}{6}$ **(c)** $\frac{5}{11}$

   (ch) $\frac{2}{25}$ **(d)** $\frac{7}{32}$

3 **(a)** Darganfyddwch y degolyn cylchol sy'n gywerth â $\frac{3}{101}$.

    (b) Faint o ddigidau sydd yn y patrwm sy'n cael ei ailadrodd?

YMARFER 4.5GC

Cyfrifwch y rhain. Hyd y gallwch, ysgrifennwch eich ateb terfynol yn unig.

  1 $3.4 + 6.1$ **2** $4.3 + 3.6$

  3 $5.8 - 2.3$ **4** $7.9 - 4.4$

  5 $3.7 + 2.6$ **6** $5.8 + 3.4$

  7 $7.2 - 0.9$ **8** $5.4 - 3.5$

  9 $8.6 + 2.7$ **10** $6.9 + 4.6$

11 $6.7 - 5.8$ **12** $6.3 - 2.9$

YMARFER 4.6GC

1 Cyfrifwch y rhain.

    (a) 5×0.4 **(b)** 0.6×8

    (c) 4×0.7 **(ch)** 0.9×6

    (d) 0.7×0.3 **(dd)** 0.9×0.4

    (e) 50×0.7 **(f)** 0.4×80

   (ff) 0.7×0.1 **(g)** 0.4×0.2

   (ng) $(0.8)^2$ **(h)** $(0.2)^2$

2 Cyfrifwch y rhain.

    (a) $6 \div 0.3$ **(b)** $4.8 \div 0.2$

    (c) $2.4 \div 0.6$ **(ch)** $7.2 \div 0.4$

    (d) $33 \div 1.1$ **(dd)** $60 \div 1.5$

    (e) $12 \div 0.4$ **(f)** $35 \div 0.7$

   (ff) $64 \div 0.8$ **(g)** $32 \div 0.2$

   (ng) $2.17 \div 0.7$ **(h)** $47.5 \div 0.5$

3 Cyfrifwch y rhain.

    (a) 3.6×1.4 **(b)** 5.8×2.6

    (c) 8.1×4.3 **(ch)** 6.5×3.2

    (d) 74×1.7 **(dd)** 64×3.8

    (e) 2.9×7.6 **(f)** 11.4×3.2

   (ff) 25.2×0.8 **(g)** 2.67×0.9

   (ng) 8.45×1.2 **(h)** 7.26×2.4

4 Cyfrifwch y rhain.

    (a) $23.6 \div 0.4$ **(b)** $23.4 \div 0.8$

    (c) $18.2 \div 0.7$ **(ch)** $31.2 \div 0.6$

    (d) $42.3 \div 0.9$ **(dd)** $75.6 \div 1.2$

    (e) $5.28 \div 0.3$ **(f)** $7.56 \div 0.7$

   (ff) $63.2 \div 0.2$ **(g)** $6.27 \div 1.1$

   (ng) $3.51 \div 1.3$ **(h)** $8.19 \div 1.3$

YMARFER 4.7GC

1 Ysgrifennwch y lluosydd a fydd yn cynyddu
swm
(a) 17%. (b) 30%. (c) 73%.
(ch) 6%. (d) 1%. (dd) 12.5%.
(e) 160%.

2 Ysgrifennwch y lluosydd a fydd yn gostwng
swm
(a) 13%. (b) 40%. (c) 35%.
(ch) 8%. (d) 4%. (dd) 27%.
(e) 15.5%.

3 Prynodd Mrs Green hen ddodrefnyn am £200.
Yn ddiweddarach fe'i gwerthodd, gan wneud
elw o 250%.
Beth oedd y pris gwerthu?

4 Cyflog Jên yw £14 500 y flwyddyn.
Mae hi'n cael codiad cyflog o 2%.
Darganfyddwch ei chyflog newydd.

5 Mewn sêl gostyngwyd pob eitem 20%.
Prynodd Shamir gyfrifiadur yn y sêl.
Y pris gwreiddiol oedd £490.
Beth oedd y pris yn y sêl?

6 Buddsoddodd Gareth £3500 ar adlog o 4%.
Beth oedd gwerth y buddsoddiad ar ddiwedd 5
mlynedd?
Rhowch eich ateb yn gywir i'r bunt agosaf.

7 Gostyngodd gwerth car 11% y flwyddyn.
Os £16 500 oedd ei bris yn newydd, faint oedd
ei werth ar ôl 4 blynedd?
Rhowch eich ateb i fanwl gywirdeb priodol.

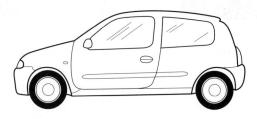

8 Mewn gwlad arbennig, cynyddodd y
boblogaeth 5% bob blwyddyn o 1999 i 2004.
Os poblogaeth y wlad ym 1999 oedd 26.5
miliwn, faint oedd ei phoblogaeth yn 2004?
Rhowch eich ateb mewn miliynau i'r 0.1
miliwn agosaf.

9 Buddsoddodd Jên £4500 ar adlog am
3 blynedd.
Gallai naill ai derbyn llog o 3% bob
6 mis neu log o 6% bob blwyddyn.
Pa un y dylai Jên ei ddewis?
Faint yn fwy y bydd hi'n ei dderbyn?

10 Cynyddodd prisiau 2% yn 2003, 3% yn 2004 a
2.5% yn 2005.
Os oedd pris eitem yn £32 ar ddechrau 2003,
beth fyddai ei phris ar ddiwedd 2005?

YMARFER 5.1GC

1 Fel rhan o broject, cofnododd Rebecca oedrannau 100 o geir wrth iddyn nhw fynd heibio i gât yr ysgol un bore. Dyma ei chanlyniadau.

Oedran (b blwyddyn)	$0 \leqslant b < 2$	$2 \leqslant b < 4$	$4 \leqslant b < 6$	$6 \leqslant b < 8$	$8 \leqslant b < 10$	$10 \leqslant b < 12$	$12 \leqslant b < 14$
Amlder	16	23	24	17	12	7	1

    (a) Lluniwch ddiagram amlder i ddangos y data hyn.
    (b) Pa un o'r cyfyngau yw'r dosbarth modd?

2 Mae rheolwr canolfan hamdden wedi cofnodi pwysau 120 o ddynion. Dyma'r canlyniadau.

Pwysau (p kg)	$60 \leqslant p < 65$	$65 \leqslant p < 70$	$70 \leqslant p < 75$	$75 \leqslant p < 80$	$80 \leqslant p < 85$	$85 \leqslant p < 90$
Amlder	4	18	36	50	10	2

    (a) Lluniwch ddiagram amlder i gynrychioli'r data hyn.
    (b) Pa un o'r cyfyngau yw'r dosbarth modd?
    (c) Pa un o'r cyfyngau sy'n cynnwys y gwerth canolrifol?

3 Mae'r diagram amlder hwn yn dangos yr amserau a gymerodd grŵp o ferched i redeg ras.

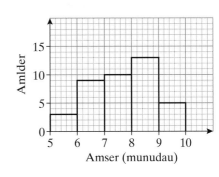

    (a) Sawl merch gymerodd fwy o amser na 9 munud?
    (b) Sawl merch gymerodd ran yn y ras?
    (c) Pa ganran o'r merched gymerodd lai na 7 munud?
    (ch) Beth yw modd yr amserau?
    (d) Defnyddiwch y diagram i baratoi tabl amlder grŵp fel y rhai yng nghwestiynau **1** a **2**.

YMARFER 5.2GC

1 Mae'r tabl yn dangos uchder 40 o blanhigion.

Uchder (u cm)	$3 \leqslant u < 4$	$4 \leqslant u < 5$	$5 \leqslant u < 6$	$6 \leqslant u < 7$	$7 \leqslant u < 8$	$8 \leqslant u < 9$
Amlder	1	7	10	12	8	2

Lluniwch bolygon amlder i ddangos y data hyn.

2 Mae'r tabl yn dangos yr amserau mae grŵp o blant yn eu cymryd i gyrraedd adref o'r ysgol.

Amser (t munud)	$0 \leqslant t < 5$	$5 \leqslant t < 10$	$10 \leqslant t < 15$	$15 \leqslant t < 20$	$20 \leqslant t < 25$	$25 \leqslant t < 30$
Amlder	3	15	27	34	19	2

Lluniwch bolygon amlder i ddangos y data hyn.

3 Mewn pentref bach, cafodd oedrannau pawb oedd o dan 70 oed eu cofnodi ym 1985 ac yn 2005. Mae'r tabl yn dangos y canlyniadau.

Oedran (b blwyddyn)	$0 \leqslant b < 10$	$10 \leqslant b < 20$	$20 \leqslant b < 30$	$30 \leqslant b < 40$	$40 \leqslant b < 50$	$50 \leqslant b < 60$	$60 \leqslant b < 70$
Amlder ym 1985	85	78	70	53	40	28	18
Amlder yn 2005	50	51	78	76	62	64	56

(a) Ar yr un grid, lluniwch bolygon amlder ar gyfer y naill flwyddyn a'r llall.
(b) Defnyddiwch y diagram i gymharu gwasgariad yr oedrannau yn y ddwy flynedd.

YMARFER 5.3GC

1 Mae Wil yn tyfu tomatos. I gynnal arbrawf, mae'n rhannu ei dir yn 8 llecyn.
Defnyddiodd wahanol faint o wrtaith ar bob llecyn.

Mae'r tabl yn dangos pwysau'r tomatos a gafodd Wil o bob llecyn.

Faint o wrtaith (g/m^2)	10	20	30	40	50	60	70	80
Pwysau'r tomatos (kg)	36	41	58	60	70	76	75	92

  (a) Lluniwch ddiagram gwasgariad i ddangos yr wybodaeth hon.

  (b) Disgrifiwch y cydberthyniad y mae'r diagram gwasgariad yn ei ddangos.

  (c) Cymedr y maint o wrtaith a ddefnyddiodd Wil yw 45 g/m^2.
Cyfrifwch gymedr pwysau'r tomatos.

  (ch) Plotiwch y pwynt sydd â'r ddau gymedr hyn yn gyfesurynnau.

  (d) Tynnwch linell ffit orau ar eich diagram gwasgariad.

  (dd) Faint o bwysau o domatos ddylai Wil ddisgwyl ei gael pe bai'n defnyddio 75 g/m^2 o wrtaith?

2 Mae'r tabl yn dangos prisiau 7 car ail law o'r un gwneuthuriad, a nifer y milltiroedd ar eu clociau.

Pris (£)	6000	3500	1000	8500	5500	3500	7000
Milltiroedd	29 000	69 000	92 000	17 000	53 000	82 000	43 000

  (a) Lluniwch ddiagram gwasgariad i ddangos yr wybodaeth hon.

  (b) Disgrifiwch y cydberthyniad y mae'r diagram gwasgariad yn ei ddangos.

  (c) Cymedr prisiau'r ceir, mewn punnoedd, yw £5000 a chymedr eu milltiroedd yw 55 000.

  (ch) Plotiwch y pwynt sydd â'r ddau gymedr hyn yn gyfesurynnau.

  (d) Tynnwch linell ffit orau ar eich diagram gwasgariad.

  (dd) Defnyddiwch eich llinell ffit orau i amcangyfrif
    (i) pris car o'r gwneuthuriad hwn sydd wedi teithio 18 000 o filltiroedd.
    (ii) y milltiroedd ar gloc car o'r gwneuthuriad hwn sy'n costio £4000.

3 Mae'r tabl yn dangos taldra 10 merch, pob un yn 20 oed, a thaldra eu tadau.

Taldra'r tad (cm)	167	168	169	171	172	172	174	175	176	182
Taldra'r ferch (cm)	164	166	166	168	169	170	170	171	173	177

  (a) Lluniwch ddiagram gwasgariad i ddangos yr wybodaeth hon.

  (b) Disgrifiwch y cydberthyniad y mae'r diagram gwasgariad yn ei ddangos.

  (c) Cymedr taldra'r tadau yw 172.6 cm. Cyfrifwch gymedr taldra eu merched.

  (ch) Plotiwch y pwynt sydd â'r ddau gymedr hyn yn gyfesurynnau.

  (d) Tynnwch linell ffit orau ar eich diagram gwasgariad.

  (dd) Defnyddiwch eich llinell ffit orau i amcangyfrif taldra'r ferch 20 oed sydd â thad yn 180 cm o daldra.

YMARFER 6.1GC

Darganfyddwch gylchedd cylchoedd sydd â'r diamedrau hyn.

1 8 cm	**2** 17 cm	**3** 39.2 cm
4 116 mm	**5** 5.1 m	**6** 6.32 m
7 14 cm	**8** 23 cm	**9** 78 mm
10 39 mm	**11** 4.4 m	**12** 2.75 m

YMARFER 6.2GC

1 Darganfyddwch arwynebedd cylchoedd sydd â'r radiysau hyn.

(a)	17 cm	**(b)**	23 cm
(c)	67 cm	**(ch)**	43 mm
(d)	74 mm	**(dd)**	32 cm
(e)	58 cm	**(f)**	4.3 cm
(ff)	8.7 cm	**(g)**	47 m
(ng)	1.9 m	**(h)**	2.58 m

2 Darganfyddwch arwynebedd cylchoedd sydd â'r diamedrau hyn.

(a)	18 cm	**(b)**	28 cm
(c)	68 cm	**(ch)**	38 mm
(d)	78 mm	**(dd)**	58 cm
(e)	46 cm	**(f)**	6.4 cm
(ff)	7.6 cm	**(g)**	32 m
(ng)	3.4 m	**(h)**	4.32 m

YMARFER 6.3GC

Darganfyddwch arwynebedd pob un o'r siapiau hyn.
Gwahanwch nhw'n betryalau a thrionglau ongl sgwâr yn gyntaf.

1

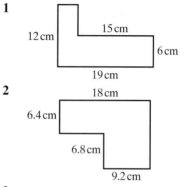

2

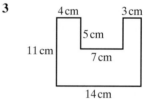

3

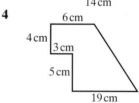

4

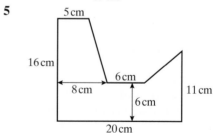

5

6

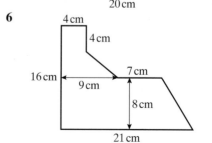

YMARFER 6.4GC

Darganfyddwch gyfaint pob un o'r siapiau hyn.

1

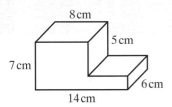
8 cm
5 cm
7 cm
6 cm
14 cm

2

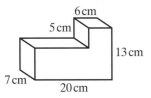
6 cm
5 cm
13 cm
7 cm
20 cm

3

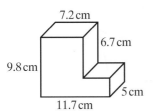
7.2 cm
6.7 cm
9.8 cm
5 cm
11.7 cm

4

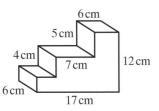
6 cm
5 cm
4 cm
7 cm
12 cm
6 cm
17 cm

5

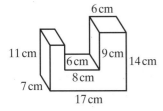
6 cm
11 cm
6 cm
9 cm
14 cm
8 cm
7 cm
17 cm

6

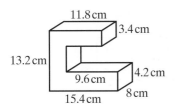
11.8 cm
3.4 cm
13.2 cm
9.6 cm
4.2 cm
8 cm
15.4 cm

YMARFER 6.5GC

Darganfyddwch gyfaint pob un o'r prismau hyn.

1

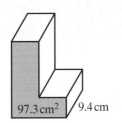
97.3 cm^2
9.4 cm

2

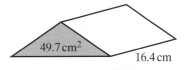
49.7 cm^2
16.4 cm

3

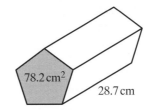
47.1 cm
24.7 cm^2

4

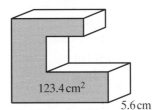
123.4 cm^2
5.6 cm

5

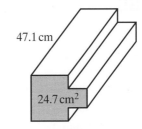
78.2 cm^2
28.7 cm

6

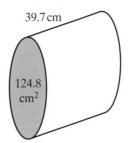
39.7 cm
124.8 cm^2

YMARFER 6.6GC

Darganfyddwch gyfaint silindrau sydd â'r mesuriadau hyn.

1 Radiws 7 cm ac uchder 29 cm
2 Radiws 13 cm ac uchder 27 cm
3 Radiws 25 cm ac uchder 80 cm
4 Radiws 14 mm ac uchder 35 mm
5 Radiws 28 mm ac uchder 8 mm
6 Radiws 0.6 mm ac uchder 5.1 mm
7 Radiws 1.7 m ac uchder 5 m
8 Radiws 2.6 m ac uchder 3.4 m

YMARFER 6.7GC

Darganfyddwch arwynebedd arwyneb crwm silindrau sydd â'r mesuriadau hyn.

1 Radiws 9 cm ac uchder 16 cm
2 Radiws 13 cm ac uchder 21 cm
3 Radiws 27 cm ac uchder 12 cm
4 Radiws 17 mm ac uchder 35 mm
5 Radiws 12 mm ac uchder 6 mm
6 Radiws 3.7 mm ac uchder 63 mm
7 Radiws 1.9 m ac uchder 19 m
8 Radiws 2.7 m ac uchder 4.3 m

Darganfyddwch gyfanswm arwynebedd arwyneb silindrau sydd â'r mesuriadau hyn.

9 Radiws 8 cm ac uchder 11 cm
10 Radiws 17 cm ac uchder 28 cm
11 Radiws 29 cm ac uchder 15 cm
12 Radiws 32 mm ac uchder 8 mm
13 Radiws 35 mm ac uchder 12 mm
14 Radiws 3.9 mm ac uchder 45 mm
15 Radiws 0.8 m ac uchder 7 m
16 Radiws 2.9 m ac uchder 1.7 m

YMARFER 6.8GC

Lluniadwch yr uwcholwg, y blaenolwg a'r ochrolwg ar bob un o'r gwrthrychau hyn.

1

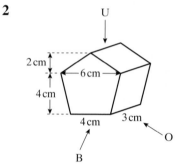

2

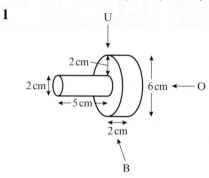

3

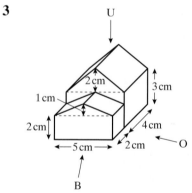

4

YMARFER 7.1GC

Datryswch yr hafaliadau hyn.

1. $2x - 3 = 7$
2. $2x + 2 = 8$
3. $2x - 9 = 3$
4. $3x - 2 = 7$
5. $6x + 2 = 26$
6. $3x + 2 = 17$
7. $4x - 5 = 3$
8. $4x + 2 = 8$
9. $2x - 7 = 10$
10. $5x + 12 = 7$
11. $x^2 + 3 = 19$
12. $x^2 - 2 = 7$
13. $y^2 - 1 = 80$
14. $11 - 3x = 2$
15. $4x - 12 = -18$

YMARFER 7.2GC

Datryswch yr hafaliadau hyn.

1. $3(x - 2) = 18$
2. $2(1 + x) = 8$
3. $3(x - 5) = 6$
4. $2(x + 3) = 10$
5. $5(x - 2) = 15$
6. $2(x + 3) = 10$
7. $5(x - 4) = 20$
8. $4(x + 1) = 16$
9. $2(x - 7) = 8$
10. $3(2x + 3) = 18$
11. $5(2x - 3) = 15$
12. $2(3x - 2) = 14$
13. $5(2x - 3) = 40$
14. $4(x - 3) = 6$
15. $2(2x - 3) = 8$

YMARFER 7.3GC

Datryswch yr hafaliadau hyn.

1. $5x - 1 = 3x + 5$
2. $5x + 1 = 2x + 13$
3. $7x - 2 = 2x + 8$
4. $6x + 1 = 4x + 21$
5. $9x - 10 = 4x + 5$
6. $5x - 8 = 3x - 6$
7. $6x + 2 = 10 - 2x$
8. $2x - 10 = 5 - 3x$
9. $15 + 3x = 2x + 18$
10. $2x - 5 = 4 - x$
11. $3x - 2 = x + 7$
12. $x - 1 = 2x - 6$
13. $2x - 4 = 2 - x$
14. $9 - x = x + 5$
15. $3x - 2 = x - 8$

YMARFER 7.4GC

Datryswch yr hafaliadau hyn.

1 $\dfrac{x}{2} = 7$

2 $\dfrac{x}{5} - 2 = 1$

3 $\dfrac{x}{4} + 5 = 8$

4 $\dfrac{x}{3} - 5 = 5$

5 $\dfrac{x}{6} + 3 = 4$

6 $\dfrac{x}{5} + 1 = 4$

7 $\dfrac{x}{8} - 3 = 9$

8 $\dfrac{x}{4} + 1 = 3$

9 $\dfrac{x}{7} + 5 = 6$

10 $\dfrac{x}{4} + 5 = 4$

YMARFER 7.5GC

Ym mhob un o'r cwestiynau **1** i **5**, datryswch yr anhafaledd a dangoswch y datrysiad ar linell rif.

1 $x - 2 > 1$

2 $x + 1 < 3$

3 $3x - 2 \geqslant 7$

4 $2x + 1 \leqslant 6$

5 $3x - 6 \geqslant 0$

Ym mhob un o'r cwestiynau **6** i **15**, datryswch yr anhafaledd.

6 $7 \leqslant 2x - 1$

7 $5x < x + 12$

8 $4x \geqslant x + 9$

9 $4 + x < 0$

10 $3x + 1 \leqslant 2x + 6$

11 $2(x - 3) > x$

12 $5(x + 1) > 3x + 10$

13 $7x + 5 \leqslant 2x + 30$

14 $5x + 2 < 7x - 4$

15 $3(3x + 2) \geqslant 2(x + 10)$

8 → CYMAREBAU A CHYFRANEDDAU

 YMARFER 8.1GC

1 Ysgrifennwch bob un o'r cymarebau hyn yn ei ffurf symlaf.
   (a) 8 : 6
   (b) 20 : 50
   (c) 35 : 55
   (ch) 8 : 24 : 32
   (d) 15 : 25 : 20

2 Ysgrifennwch bob un o'r cymarebau hyn yn ei ffurf symlaf.
   (a) 200 g : 500 g
   (b) 60c : £3
   (c) 1 munud : 25 eiliad
   (ch) 2 m : 80 cm
   (d) 500 g : 3 kg

3 Mae bar o fetel pres yn cynnwys 400 g o gopr a 200 g o sinc.
   Ysgrifennwch gymhareb y copr i'r sinc yn ei ffurf symlaf.

4 Mae Teri, Jannae ac Abi wedi buddsoddi arian ar y cyd ac yn derbyn buddran o £200, £350 a £450 yn ôl eu trefn.
   Ysgrifennwch gymhareb eu buddrannau yn ei ffurf symlaf.

5 Mae tair sosban yn dal 500 ml, 1 litr a 2.5 litr yn ôl eu trefn.
   Ysgrifennwch gymhareb eu cynwyseddau yn ei ffurf symlaf.

YMARFER 8.2GC

1 Ysgrifennwch bob un o'r cymarebau hyn yn y ffurf 1 : n.
   (a) 2 : 10
   (b) 5 : 30
   (c) 2 : 9
   (ch) 4 : 9
   (d) 50 g : 30 g
   (dd) 15c : £3
   (e) 25 cm : 6 m
   (f) 20 : 7
   (ff) 4 mm : 1 km

2 Ar fap mae pellter o 12 mm yn cynrychioli pellter o 3 km.
   Beth yw graddfa'r map yn y ffurf 1 : n?

3 Mae llun wedi cael ei helaethu gan lungopïwr fel bod ei led o 25 mm wedi newid yn 15 cm.
   Beth yw cymhareb y llun i'w helaethiad yn y ffurf 1 : n?

 YMARFER 8.3GC

1 Mae llun yn cael ei helaethu yn ôl y gymhareb 1 : 5.
   (a) Hyd y llun bach yw 15 cm.
       Beth yw hyd y llun mawr?
   (b) Lled y llun mawr yw 45 cm.
       Beth yw lled y llun bach?

2 I wneud dresin ar gyfer ei lawnt, mae Rupinder yn cymysgu lom a thywod yn ôl y gymhareb 1 : 3.
   (a) Faint o dywod y dylai ei gymysgu â 2 bwcedaid o lom?
   (b) Faint o lom y dylai ei gymysgu ag 15 bwcedaid o dywod?

3 I wneud morter, mae Ffred yn cymysgu 1 rhan o sment â 5 rhan o dywod.
   (a) Faint o dywod y mae'n ei gymysgu â 500 g o sment?
   (b) Faint o sment y mae'n ei gymysgu â 4.5 kg o dywod?

4 Lled llun petryalog yw 6 cm.
   Mae'n cael ei helaethu yn ôl y gymhareb 1 : 4.
   Beth yw lled yr helaethiad?

5 Graddfa atlas moduro Michelin ar gyfer Ffrainc yw 1 cm i 2 km.
   (a) Ar y map, y pellter rhwng Metz a Nancy yw 25 cm.
   Beth yw'r gwir bellter rhwng y ddwy dref?
   (b) Y gwir bellter rhwng Caen a Falaise yw 33 km.
   Faint yw'r pellter hwn ar y map?

6 Mae Geraint yn paratoi crwst.
   I wneud digon ar gyfer 5 o bobl mae'n defnyddio 300 g o flawd.
   Faint o flawd y dylai ei ddefnyddio ar gyfer 8 o bobl?

7 I wneud hydoddiant cemegyn mae gwyddonydd yn cymysgu 2 ran o'r cemegyn â 25 rhan o ddŵr.
   (a) Faint o ddŵr y dylai ei gymysgu â 10 ml o'r cemegyn?
   (b) Faint o'r cemegyn y dylai ei gymysgu ag 1 litr o ddŵr?

8 Cymhareb ochrau dau betryal yw 2 : 5.
   (a) Hyd y petryal bach yw 4 cm.
   Beth yw hyd y petryal mawr?
   (b) Lled y petryal mawr yw 7.5 cm.
   Beth yw lled y petryal bach?

9 Mae Iwan yn cymysgu 3 rhan o baent du a 4 rhan o baent gwyn i wneud paent llwyd tywyll.
   (a) Faint o baent gwyn y mae'n ei gymysgu â 150 ml o baent du?
   (b) Faint o baent du y mae'n ei gymysgu ag 1 litr o baent gwyn?

10 Mewn etholiad, cafodd nifer y pleidleisiau eu rhannu rhwng Llafur, Plaid Cymru a'r pleidiau eraill yn ôl y gymhareb 5 : 4 : 2.
   Cafodd Llafur 7500 pleidlais.
   (a) Sawl pleidlais gafodd Plaid Cymru?
   (b) Sawl pleidlais gafodd y pleidiau eraill?

YMARFER 8.4GC

 Peidiwch â defnyddio cyfrifiannell i ateb cwestiynau **1** i **5**.

1 Rhannwch £40 rhwng Paula a Tariq yn ôl y gymhareb 3 : 5.

2 Mae paent yn cael ei gymysgu yn ôl y gymhareb 2 ran o ddu i 3 rhan o wyn i wneud 10 litr o baent llwyd.
   (a) Faint o baent du sy'n cael ei ddefnyddio?
   (b) Faint o baent gwyn sy'n cael ei ddefnyddio?

3 Mae aloi metel yn cynnwys copr, haearn a nicel yn ôl y gymhareb 3 : 4 : 2.
   Faint o bob metel sydd mewn 450 g o'r aloi?

4 Gweithiodd Iestyn am 6 awr un diwrnod.
   Treuliodd yr amser yn trefnu ffeiliau, yn ysgrifennu ac ar y cyfrifiadur yn ôl y gymhareb 2 : 3 : 7.
   Am faint o amser roedd Iestyn ar y cyfrifiadur?

5 Roedd Dwynwen ac Eirian wedi buddsoddi £5000 ac £8000 yn ôl eu trefn mewn menter fusnes.
   Cytunodd y ddwy i rannu'r elw yn ôl cymhareb eu buddsoddiad.
   Derbyniodd Eirian £320.
   Faint oedd cyfanswm yr elw?

6 Mae Siwan yn gwario ei harian poced ar felysion, cylchgronau a dillad yn ôl y gymhareb 2 : 3 : 7.
Mae hi'n cael £15 yr wythnos.
Faint y mae hi'n ei wario ar felysion?

7 Mewn holiadur, y tri ateb sy'n bosibl yw 'Ydw', 'Nac ydw' a 'Dim yn gwybod'.
Mae atebion grŵp o 456 o bobl yn ôl y gymhareb 10 : 6 : 3. Sawl 'Dim yn gwybod' sydd yna?

8 Gyda'i gilydd, prynodd Iolo a Steffan dŷ yn Sbaen.
Talodd Iolo 60% o'r gost a thalodd Steffan 40%.
(a) Ysgrifennwch, yn ei ffurf symlaf, gymhareb y symiau a dalodd y ddau.
(b) Pris y tŷ oedd 210 000 ewro. Faint dalodd y naill a'r llall?

YMARFER 8.5GC

1 Pris bag 80 g o Munchos yw 99c a phris bag 200 g o Munchos yw £2.19.
Dangoswch pa un yw'r gwerth gorau.

2 Mae lemonêd Brychan yn cael ei werthu mewn poteli 2 litr am £1.29 a photeli 3 litr am £1.99.
Dangoswch pa un yw'r gwerth gorau.

3 Mae menyn yn cael ei werthu mewn carton 200 g am 95c ac mewn pecyn 450 g am £2.10.
Dangoswch pa un yw'r gwerth gorau.

4 Mae iogwrt ffrwythau'n cael ei werthu mewn pecyn o 4 carton am 79c ac mewn pecyn o 12 carton am £2.19.
Dangoswch pa un yw'r gwerth gorau.

5 Ar silff mewn uwchfarchnad mae dau becyn o friwgig ar bris gostyngol, y naill yn becyn 1.8 kg am £2.50 a'r llall yn becyn 1.5 kg am £2.
Dangoswch pa un yw'r gwerth gorau.

6 Pris hufen eillio Llyfnyn yw £1.19 am y botel 75 ml a £2.89 am y botel 200 ml.
Dangoswch pa un yw'r gwerth gorau.

7 Mae uwchfarchnad yn gwerthu caniau o cola mewn dau becyn o faint gwahanol: pecyn o 12 can am £4.30 a phecyn o 20 can am £7.25.
Pa becyn yw'r gwerth gorau?

8 Mae powdr golchi Trochion yn cael ei werthu mewn 3 maint gwahanol: 750 g am £3.15, 1.5 kg am £5.99 a 2.5 kg am £6.99.
Pa becyn yw'r gwerth gorau?

YMARFER 9.1GC

1 Ar gyfer pob un o'r setiau hyn o ddata
   (i) darganfyddwch y modd.
   (iii) darganfyddwch yr amrediad.

   (ii) darganfyddwch y canolrif.
   (iv) cyfrifwch y cymedr.

(a)

Sgôr ar ddis tueddol	Nifer y tafliadau
1	52
2	46
3	70
4	54
5	36
6	42
Cyfanswm	300

(b)

Nifer y pinnau bawd mewn blwch	Nifer y blychau
98	5
99	14
100	36
101	28
102	17
103	13
104	7
Cyfanswm	120

(c)

Nifer y byrbrydau mewn diwrnod	Amlder
0	23
1	68
2	39
3	21
4	10
5	3
6	1

(ch)

Nifer y llythyrau a dderbyniwyd ar ddydd Llun	Amlder
0	19
1	37
2	18
3	24
4	12
5	5
6	2
7	3

(d)

x	Amlder
48	23
49	62
50	51
51	58
52	30
53	16

(dd)

x	Amlder
141	3
142	27
143	66
144	81
145	74
146	35
147	12
148	2

2 Pris tocyn llyfr yw £1, £5, £10, £20 neu £50 yr un.

Mae'r tabl amlder yn dangos nifer y tocynnau llyfrau o'r gwahanol werthoedd a werthwyd mewn un siop ar ddydd Sadwrn.

Cyfrifwch werth cymedrig y tocynnau llyfrau a brynwyd yn y siop ar y dydd Sadwrn hwnnw.

Pris tocyn llyfr (£)	1	5	10	20	50
Nifer y tocynnau a werthwyd	12	34	26	9	1

3 Cafodd sampl o bobl eu holi pa mor aml roedden nhw'n ymweld â'r sinema mewn mis. Nid oedd yr un o'r bobl a gafodd eu holi wedi ymweld â'r sinema fwy nag 8 gwaith.

Mae'r tabl isod yn dangos y data.

Cyfrifwch nifer cymedrig yr ymweliadau â'r sinema.

Nifer yr ymweliadau	0	1	2	3	4	5	6	7	8
Amlder	136	123	72	41	18	0	5	1	4

YMARFER 9.2GC

1 Ar gyfer pob un o'r setiau hyn o ddata cyfrifwch amcangyfrif o'r canlynol
  (i) yr amrediad.
  (ii) y cymedr.

(a)

Nifer y trenau'n cyrraedd yn hwyr mewn diwrnod (x)	Nifer y diwrnodau (f)
0–4	19
5–9	9
10–14	3
15–19	0
20–24	1
Cyfanswm	32

(b)

Nifer y chwyn i bob metr sgwâr (x)	Nifer y metrau sgwâr (f)
0–14	204
15–29	101
30–44	39
45–59	13
60–74	6
75–89	2

(c)

Nifer y llyfrau a werthwyd (x)	Amlder (f)
60–64	3
65–69	12
70–74	23
75–79	9
80–84	4
85–89	1

(ch)

Nifer y diwrnodau'n absennol (x)	Amlder (f)
0–3	13
4–7	18
8–11	9
12–15	4
16–19	0
20–23	1
24–27	3

2 Mae'r tabl isod yn dangos nifer y brawddegau sydd i bob pennod mewn llyfr.

Nifer y brawddegau (x)	$100 \leqslant x < 125$	$125 \leqslant x < 150$	$150 \leqslant x < 175$	$175 \leqslant x < 200$	$200 \leqslant x < 225$
Amlder	1	9	8	5	2

  (a) Pa un yw'r dosbarth modd?
  (b) Ym mha ddosbarth y mae canolrif nifer y brawddegau?
  (c) Cyfrifwch amcangyfrif o nifer cymedrig y brawddegau.

3 Gofynnwyd i grŵp o ddisgyblion amcangyfrif nifer y ffa mewn jar.
Mae'r tabl yn crynhoi canlyniadau eu hamcangyfrifon.
Cyfrifwch amcangyfrif o gymedr y nifer o ffa a amcangyfrifwyd gan y disgyblion hyn.

Amcangyfrif o nifer y ffa (x)	Amlder (f)
300–324	9
325–349	26
350–374	52
375–399	64
400–424	83
425–449	57
450–474	18
475–499	5

YMARFER 9.3GC

1 Ar gyfer pob un o'r setiau hyn o ddata, cyfrifwch amcangyfrif o'r canlynol:
   (i) yr amrediad.   **(ii)** y cymedr.

(a)

Uchder blodyn haul mewn centimetrau (x)	Nifer y planhigion (f)
$100 \leqslant x < 110$	6
$110 \leqslant x < 120$	13
$120 \leqslant x < 130$	35
$130 \leqslant x < 140$	29
$140 \leqslant x < 150$	16
$150 \leqslant x < 160$	11
Cyfanswm	110

(b)

Pwysau wy mewn gramau (x)	Nifer yr wyau (f)
$20 \leqslant x < 25$	9
$25 \leqslant x < 30$	16
$30 \leqslant x < 35$	33
$35 \leqslant x < 40$	48
$40 \leqslant x < 45$	29
$45 \leqslant x < 50$	15
Cyfanswm	150

(c)

Hyd ffeuen werdd mewn milimetrau (x)	Amlder (f)
$60 \leqslant x < 80$	12
$80 \leqslant x < 100$	21
$100 \leqslant x < 120$	46
$120 \leqslant x < 140$	27
$140 \leqslant x < 160$	14
Cyfanswm	120

(ch)

Amser i gwblhau ras mewn munudau (x)	Amlder (f)
$54 \leqslant x < 56$	1
$56 \leqslant x < 58$	4
$58 \leqslant x < 60$	11
$60 \leqslant x < 62$	6
$62 \leqslant x < 64$	2
$64 \leqslant x < 66$	1
Cyfanswm	25

2 Ar gyfer pob un o'r setiau hyn o ddata:

(i) ysgrifennwch y dosbarth modd.   (ii) cyfrifwch amcangyfrif o'r cymedr.

(a)

Uchder llwyn mewn metrau (x)	Nifer y llwyni (f)
$0.3 \leq x < 0.6$	57
$0.6 \leq x < 0.9$	41
$0.9 \leq x < 1.2$	36
$1.2 \leq x < 1.5$	24
$1.5 \leq x < 1.8$	15

(b)

Pwysau eirinen mewn gramau (x)	Nifer yr eirin (f)
$20 \leq x < 30$	6
$30 \leq x < 40$	19
$40 \leq x < 50$	58
$50 \leq x < 60$	15
$60 \leq x < 70$	4

(c)

Hyd taith mewn munudau (x)	Amlder (f)
$20 \leq x < 22$	6
$22 \leq x < 24$	20
$24 \leq x < 26$	38
$26 \leq x < 28$	47
$28 \leq x < 30$	16
$30 \leq x < 32$	3

(ch)

Buanedd car mewn milltiroedd yr awr (x)	Amlder (f)
$25 \leq x < 30$	4
$30 \leq x < 35$	29
$35 \leq x < 40$	33
$40 \leq x < 45$	6
$45 \leq x < 50$	2
$50 \leq x < 55$	1

3 Mae'r tabl yn dangos cyflogau wythnosol y gweithwyr mewn swyddfa.

Cyflog mewn £ (x)	$500 \leq x < 1000$	$1000 \leq x < 1500$	$1500 \leq x < 2000$	$2000 \leq x < 2500$
Amlder (f)	3	14	18	5

(a) Beth yw'r dosbarth modd?

(b) Ym mha ddosbarth y mae'r cyflog canolrifol?

(c) Cyfrifwch amcangyfrif o'r cyflog cymedrig.

4 Mae'r tabl yn dangos hyd, mewn eiliadau, 100 o alwadau o ffôn symudol.

Hyd yr alwad mewn eiliadau (x)	$0 \leq x < 30$	$30 \leq x < 60$	$60 \leq x < 90$	$90 \leq x < 120$	$120 \leq x < 150$
Amlder (f)	51	25	13	7	4

Cyfrifwch amcangyfrif o hyd cymedrig galwad.

5 Mae'r tabl yn dangos prisiau'r cardiau a gafodd eu gwerthu un diwrnod gan siop gardiau cyfarch.

Cyfrifwch amcangyfrif o'r pris cymedrig, mewn ceiniogau, a gafodd ei dalu am gerdyn cyfarch y diwrnod hwnnw.

Pris cerdyn cyfarch mewn ceiniogau (x)	Amlder (f)
$75 \leqslant x < 100$	23
$100 \leqslant x < 125$	31
$125 \leqslant x < 150$	72
$150 \leqslant x < 175$	59
$175 \leqslant x < 200$	34
$200 \leqslant x < 225$	11
$225 \leqslant x < 250$	5

YMARFER 10.1GC

I bob un o'r diagramau hyn, darganfyddwch arwynebedd y trydydd sgwâr.

1

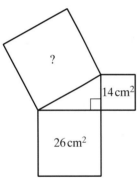

2

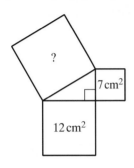

3

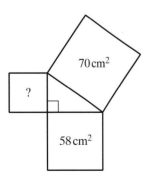

4

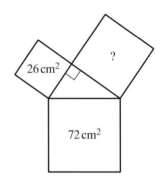

YMARFER 10.2GC

1 Darganfyddwch yr hyd x ym mhob un o'r trionglau hyn.
Lle nad yw'r ateb yn union gywir, rhowch eich ateb yn gywir i 2 le degol.

(a)

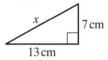

(b)

(c)

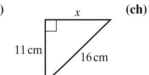

(ch)

(d)

(dd)

(e)

(f)

2

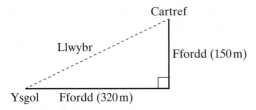

Mae Ann yn gallu cerdded adref o'r ysgol ar hyd dwy ffordd neu ar hyd llwybr trwy gae. Faint yn fyrrach yw ei thaith os yw hi'n dewis y llwybr trwy'r cae?

3

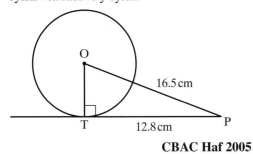

Mae'r rhwydwaith hwn wedi ei wneud o wifren.
Beth yw cyfanswm hyd y wifren?

4   Mae tangiad yn cael ei luniadu o bwynt P i gyffwrdd â chylch, canol O, yn y pwynt T fel bod TP = 12.8 cm ac P$\hat{T}$O yn ongl sgwâr. O wybod bod y pellter OP = 16.5 cm, cyfrifwch radiws y cylch.

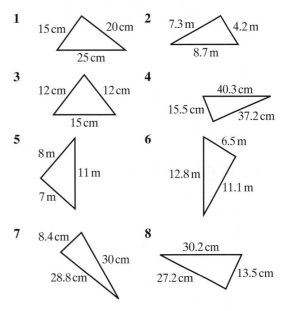

CBAC Haf 2005

5   Mae trawstoriad prism yn unffurf ac yn siâp triongl ABC sydd ag ongl B yn ongl sgwâr, AC = 5.6 cm ac
AB = 3.4 cm. Hyd y prism yw 14.5 cm. Cyfrifwch gyfaint y prism.

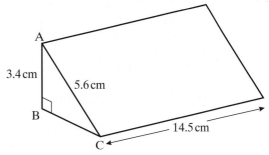

CBAC Hydref 2004

YMARFER 10.3GC

Darganfyddwch a yw'r trionglau hyn yn drionglau ongl sgwâr ai peidio.
Dangoswch eich gwaith cyfrifo.

1   15 cm   20 cm
25 cm

2   7.3 m   4.2 m
8.7 m

3   12 cm   12 cm
15 cm

4   40.3 cm
15.5 cm   37.2 cm

5   8 m
11 m
7 m

6   6.5 m
12.8 m
11.1 m

7   8.4 cm
30 cm
28.8 cm

8   30.2 cm
27.2 cm   13.5 cm

YMARFER 10.4GC

1 Darganfyddwch gyfesurynnau canolbwynt pob un o'r llinellau yn y diagram.

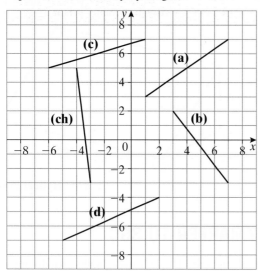

2 Darganfyddwch gyfesurynnau canolbwynt y llinell sy'n uno pob un o'r parau hyn o bwyntiau. Ceisiwch eu gwneud heb blotio'r pwyntiau.
   (a) A(3, 7) a B(−5, 7)
   (b) C(2, 1) a D(8, 5)
   (c) E(3, 7) ac F(8, 2)
   (ch) G(1, 6) ac H(9, 3)
   (d) I(−7, 1) a J(3, 6)
   (dd) K(−5, −6) ac L(−7, −3)

YMARFER 10.5GC

1 Mae OABCDEFG yn giwboid.
   F yw'r pwynt (2, 1).

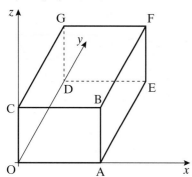

Ysgrifennwch gyfesurynnau
(a) pwynt A.   (b) pwynt B.
(c) pwynt C.   (ch) pwynt D.
(d) pwynt E.   (dd) pwynt G.

2 Mae OABCV yn byramid sylfaen petryal. Mae V yn union uwchlaw canol y sylfaen, N. Mae OA = 8 uned, AB = 10 uned a VN = 7 uned.

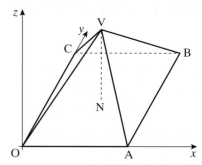

Ysgrifennwch gyfesurynnau
(a) pwynt A.   (b) pwynt B.
(c) pwynt C.   (ch) pwynt N.
(d) pwynt V.

3 Mae OABCDEFG yn giwboid. M yw canolbwynt BF ac N yw canolbwynt GF. Mae OA = 6 uned, OC = 5 uned ac OD = 3 uned.

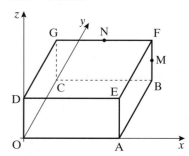

(a) Ysgrifennwch gyfesurynnau
   (i) pwynt B.
   (ii) pwynt F.
   (iii) pwynt G.
   (iv) pwynt M.
   (v) pwynt N.
(b) (i) Canolbwynt pa un o'r ymylon yw'r pwynt $(6, 2\frac{1}{2}, 0)$?
   (ii) Canolbwynt pa un o'r ymylon yw'r pwynt $(0, 2\frac{1}{2}, 1\frac{1}{2})$?

YMARFER 11.1GC

Cyfrifwch y rhain yn eich pen. Hyd y gallwch, ysgrifennwch yr ateb terfynol yn unig.

1
(a)	8 + 25	**(b)**	13 + 49
(c)	0.6 + 5.2	**(ch)**	142 + 59
(d)	187 + 25	**(dd)**	5.8 + 12.6
(e)	326 + 9.3	**(f)**	456 + 83
(ff)	1290 + 41	**(g)**	8600 + 570

2
(a)	12 − 5	**(b)**	36 − 9
(c)	10 − 0.4	**(ch)**	56 − 45
(d)	82 − 39	**(dd)**	141 − 27
(e)	1.2 − 0.7	**(f)**	186 − 19
(ff)	307 − 81	**(g)**	1200 − 153

3
(a)	7 × 9	**(b)**	12 × 8
(c)	22 × 7	**(ch)**	11 × 12
(d)	0.4 × 100	**(dd)**	19 × 7
(e)	48 × 5	**(f)**	25 × 8
(ff)	63 × 4	**(g)**	42 × 21

4
(a)	42 ÷ 7	**(b)**	72 ÷ 12
(c)	1500 ÷ 3	**(ch)**	184 ÷ 8
(d)	240 ÷ 20	**(dd)**	108 ÷ 18
(e)	96 ÷ 16	**(f)**	16 ÷ 100
(ff)	24 ÷ 0.3	**(g)**	3.6 ÷ 0.9

5
(a)	7 + (−3)	**(b)**	−2 + 6
(c)	−5 + 7	**(ch)**	−4 + (−8)
(d)	4 + (−9)	**(dd)**	−5 − 1
(e)	6 − (−2)	**(f)**	12 − (−8)
(ff)	−5 − (−10)	**(g)**	−7 − (−3)

6
(a)	12 × −2	**(b)**	−4 × 5
(c)	−6 × −3	**(ch)**	−10 × −4
(d)	4 × −100	**(dd)**	10 ÷ −5
(e)	−6 ÷ 2	**(f)**	−20 ÷ −4
(ff)	−35 ÷ −5	**(g)**	32 ÷ −4

7 Sgwariwch bob un o'r rhifau hyn.
(a)	7	**(b)**	9
(c)	12	**(ch)**	14
(d)	1	**(dd)**	30
(e)	200	**(f)**	0.5
(ff)	0.8	**(g)**	0.2

8 Ysgrifennwch ail isradd pob un o'r rhifau hyn.
(a)	36	**(b)**	4
(c)	64	**(ch)**	121
(d)	144		

9 Ciwbiwch bob un o'r rhifau hyn.
(a)	3	**(b)**	4
(c)	10	**(ch)**	50
(d)	0.2		

10 Hyd ochrau petryal yw 4.6 cm a 5.0 cm. Cyfrifwch
(a) perimedr y petryal.
(b) arwynebedd y petryal.

11 Mae Alwena yn gwario £17.81. Faint o newid y mae hi'n ei gael o £50?

12 Arwynebedd sgwâr yw 121 cm². Beth yw hyd ei ochr?

13 Darganfyddwch 2% o £540.

14 Darganfyddwch ddau rif sydd â'u gwahaniaeth yn 4 a'u lluoswm yn 45.

15 Mae gan Delyth ddarn 1 kg o gaws. Mae hi'n bwyta 432 g ohono. Faint sydd ganddi ar ôl?

YMARFER 11.2GC

1 Talgrynnwch bob un o'r rhifau hyn i 1 ffigur ystyrlon.

(a)	14.3	(b)	38
(c)	6.54	(ch)	308
(d)	1210	(dd)	0.78
(e)	0.61	(f)	0.053
(ff)	2413.5	(g)	0.0097

2 Talgrynnwch bob un o'r rhifau hyn i 1 ffigur ystyrlon.

(a)	8.4	(b)	18.36
(c)	725	(ch)	8032
(d)	98.3	(dd)	0.71
(e)	0.0052	(f)	0.019
(ff)	407.511	(g)	23 095

3 Talgrynnwch bob un o'r rhifau hyn i 2 ffigur ystyrlon.

(a)	28.7	(b)	149.3
(c)	7832	(ch)	46 820
(d)	21.36	(dd)	0.194
(e)	0.0489	(f)	0.003 61
(ff)	0.0508	(g)	0.904

4 Talgrynnwch bob un o'r rhifau hyn i 3 ffigur ystyrlon.

(a)	7.385	(b)	24.81
(c)	28 462	(ch)	308.61
(d)	16 418	(dd)	3.917
(e)	60.72	(f)	0.9135
(ff)	0.004 162	(g)	2.236 06

Yng nghwestiynau **5** i **12**, talgrynnwch y rhifau yn eich cyfrifiadau i 1 ffigur ystyrlon. Dangoswch eich gwaith cyfrifo.

5 Prynodd Aled 24 o farrau siocled am 32c yr un. Amcangyfrifwch y swm a wariodd.

6 Cyflog Rhys yw £382 yr wythnos. Amcangyfrifwch ei gyflog blwyddyn.

7 Gyrrodd Mari 215 o filltiroedd mewn 3 awr 48 munud. Amcangyfrifwch ei buanedd cyfartalog.

8 Hyd petryal yw 9.2 cm ac mae ei arwynebedd yn 44.16 cm². Amcangyfrifwch ei led.

9 Pris cyfrifiadur newydd yw £595 heb gynnwys TAW.
Rhaid ychwanegu TAW o 17.5% at y pris. Amcangyfrifwch swm y TAW sydd i'w thalu.

10 Arwynebedd carreg balmant sgwâr yw 6000 cm². Amcangyfrifwch hyd ochr y garreg.

11 Radiws cylch yw 4.3 cm. Amcangyfrifwch ei arwynebedd.

12 Amcangyfrifwch yr atebion i'r cyfrifiadau hyn.

(a)	71×58	(b)	$\sqrt{46}$
(c)	$\dfrac{5987}{5.1}$	(ch)	19.1^2
(d)	62.7×8316	(dd)	$\dfrac{5.72}{19.3}$
(e)	$\dfrac{32}{49.4}$	(f)	8152×37
(ff)	$\dfrac{935 \times 41}{8.5}$	(g)	$\dfrac{673 \times 0.76}{3.6 \times 2.38}$

YMARFER 11.3GC

Rhowch eich atebion i'r cwestiynau hyn mor syml ag sy'n bosibl.
Gadewch π yn eich atebion lle bo'n briodol.

1
(a)	$2 \times 6 \times \pi$	(b)	$\pi \times 7^2$
(c)	$\pi \times 12^2$	(ch)	$2 \times 3.8 \times \pi$
(d)	$\pi \times 11^2$		

2
- (a) $14\pi + 5\pi$
- (b) $\pi \times 3^2 + \pi \times 6^2$
- (c) $\pi \times 8^2 - \pi \times 4^2$
- (ch) $3 \times 42\pi$
- (d) $\dfrac{36\pi}{4\pi}$

3 Darganfyddwch gylchedd cylch sydd â'i radiws yn 15 cm.

4 Cymhareb arwynebeddau dau gylch yw $36\pi : 16\pi$. Symleiddiwch y gymhareb hon.

5 Radiws darn crwn o gerdyn yw 12 cm. Mae darn sgwâr, â'i ochr yn 5 cm, yn cael ei dorri o'r cerdyn. Darganfyddwch yr arwynebedd sy'n weddill.

YMARFER 11.4GC

1 Cyfrifwch y rhain.
  (a) 0.06×600 (b) 0.03×0.3
  (c) 0.9×0.04 (ch) $(0.05)^2$
  (d) $(0.3)^2$ (dd) 500×800
  (e) 30×5000 (f) 5.1×300
  (ff) 20.3×2000 (g) 1.82×5000

2 Cyfrifwch y rhain.
  (a) $300 \div 20$ (b) $60 \div 2000$
  (c) $3.6 \div 20$ (ch) $1.4 \div 0.2$
  (d) $2.4 \div 3000$ (dd) $2.4 \div 0.03$
  (e) $0.08 \div 0.004$ (f) $5 \div 0.02$
  (ff) $400 \div 0.08$ (g) $60 \div 0.15$

3 O wybod bod $4.5 \times 16.8 = 75.6$, cyfrifwch y rhain.
  (a) 45×1680 (b) $75.6 \div 168$
  (c) $7560 \div 45$ (ch) 0.168×0.045
  (d) $756 \div 0.168$

4 O wybod bod $702 \div 39 = 18$, cyfrifwch y rhain.
  (a) $70\,200 \div 39$ (b) $70.2 \div 3.9$
  (c) 180×39 (ch) $7.02 \div 18$
  (d) 1.8×3.9

5 O wybod bod $348 \times 216 = 75\,168$, cyfrifwch y rhain.
  (a) $751\,680 \div 216$
  (b) $34\,800 \times 2160$
  (c) 3.48×21.6
  (ch) $751.68 \div 34.8$
  (d) 0.348×2160

YMARFER 12.1GC

1   Swydd Pearl yw gofalu am blant. Mae hi'n codi £3.50 yr awr.
    Mae hi'n gofalu am blentyn Mrs Huws am 6 awr. Faint y mae hi'n ei godi?

2   Pris llogi bws yw £60 ynghyd â £1 y filltir.
    (a) Faint yw cost llogi bws i fynd ar daith
        (i)   80 milltir?
        (ii) 150 milltir?
    (b) Ysgrifennwch fformiwla ar gyfer cost, £C, llogi bws i fynd ar daith n milltir.

3   Pris llogi ystafell i gynnal cyfarfod yw £80 ynghyd â £20 yr awr.
    (a) Faint yw cost llogi'r ystafell am
        (i)   5 awr?
        (ii) 8 awr?
    (b) Ysgrifennwch fformiwla ar gyfer cost, £C, llogi'r ystafell am h awr.

4   Mae perimedr petryal yn ddwywaith ei hyd adio dwywaith ei led.
    (a) Beth yw perimedr petryal sydd â'i hyd yn 5 cm a'i led yn 3.5 cm?
    (b) Ysgrifennwch fformiwla ar gyfer perimedr, P, petryal sydd â'i hyd yn x a'i led yn y.

5   I ddarganfod cyfaint pyramid, rydym yn lluosi arwynebedd y sylfaen â'r uchder ac yn rhannu â 3.
    (a) Beth yw cyfaint pyramid sydd ag arwynebedd ei sylfaen yn 12 cm² a'i uchder yn 7 cm?
    (b) Ysgrifennwch fformiwla ar gyfer cyfaint, C, pyramid sydd ag arwynebedd ei sylfaen yn A a'i uchder yn u.

6   I ddarganfod faint o amser y mae'n ei gymryd i deipio dogfen, rydym yn rhannu nifer y geiriau sydd yn y ddogfen â nifer y geiriau sy'n cael eu teipio mewn munud.
    (a) Faint o amser y mae Lis yn ei gymryd i deipio dogfen 560 gair os yw hi'n teipio 80 gair y funud?
    (b) Ysgrifennwch fformiwla ar gyfer yr amser, T, i deipio dogfen g gair os yw'r teipydd yn teipio r gair y funud.

7   Yr amser, t, ar gyfer taith yw'r pellter, s, wedi ei rannu â'r buanedd, v.
    (a) Ysgrifennwch fformiwla ar gyfer hyn.
    (b) Teithiodd Steffan bellter o 175 milltir ar fuanedd o 50 m.y.a. Faint o amser a gymerodd y daith?

8   Mae cylchedd cylch yn cael ei roi gan y fformiwla:

    $C = \pi \times D$, lle mae D yn cynrychioli diamedr y cylch.

    Darganfyddwch gylchedd cylch sydd â diamedr 8.5 cm.
    Defnyddiwch $\pi = 3.14$.

9   Mae meithrinfa Cartrefle yn codi £1 am bob gofalwr a 50c am bob plentyn sydd yn ei gofal.
    (a) Mae Tracey yn dod â 3 phlentyn i'r feithrinfa.
        Faint y mae hi'n ei dalu?
    (b) Mae Ffion yn dod ag n plentyn i'r feithrinfa.
        Ysgrifennwch hafaliad ar gyfer y swm, £S, mae hi'n ei dalu.

10 **(a)** O'r fformiwla $A = b - c$, darganfyddwch A pan fo $b = 6$ ac $c = 3.5$.

(b) O'r fformiwla $B = 2a - b$, darganfyddwch B pan fo $a = 6$ a $b = 5$.

(c) O'r fformiwla $C = 2a - b + 3c$, darganfyddwch C pan fo $a = 3.5$, $b = 2.6$ ac $c = 1.2$.

(ch) O'r fformiwla $D = 3b^2$, darganfyddwch D pan fo $b = 2$.

(d) O'r fformiwla $E = ab - cd$, darganfyddwch E pan fo $a = 12.5$, $b = 6$, $c = 3.5$ a $d = 8$.

(dd) O'r fformiwla $F = \dfrac{a - b}{5}$, darganfyddwch F pan fo $a = 6$ a $b = 3.5$.

YMARFER 12.2GC

1 Ad-drefnwch bob un o'r fformiwlâu hyn i wneud y llythyren yn y cromfachau yn destun.

(a) $a = b + c$ (b)

(b) $a = 3x - y$ (x)

(c) $a = b + ct$ (t)

(ch) $F = 2(q + p)$ (q)

(d) $x = 2y - 3z$ (y)

(dd) $P = \dfrac{3 + 4n}{5}$ (n)

2 Y fformiwla ar gyfer cyfrifo cylchedd cylch yw $C = \pi d$.
Ad-drefnwch y fformiwla i wneud d yn destun.

3 Ad-drefnwch y fformiwla $A = \dfrac{3ab}{2n}$ i wneud
(a) a yn destun.
(b) n yn destun.

4 Y fformiwla ar gyfer cyfrifo perimedr petryal yw $P = 2(a + b)$, lle mae P yn cynrychioli perimedr y petryal, a ei hyd a b ei led.
Ad-drefnwch y fformiwla i wneud a yn destun.

5 Y fformiwla $y = mx + c$ yw hafaliad llinell syth.
Ad-drefnwch y fformiwla i ddarganfod m yn nhermau x, y ac c.

6 Mae'r fformiwla $A = 4\pi r^2$ yn rhoi arwynebedd arwyneb sffer.
Ad-drefnwch y fformiwla i wneud r yn destun.

7 Y fformiwla ar gyfer cyfrifo cyfaint prism yw $C = \dfrac{\pi r^2 u}{4}$.

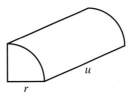

(a) Darganfyddwch C pan fo $r = 2.5$ ac $u = 7$.

(b) **(i)** Ad-drefnwch y fformiwla i wneud r yn destun.
(ii) Darganfyddwch r pan fo $C = 100$ ac $u = 10$.

8 Y fformiwla ar gyfer cyfrifo arwynebedd arwyneb silindr caeedig yw $S = 2\pi r(r + u)$.
Ad-drefnwch y fformiwla i wneud u yn destun.

YMARFER 12.3GC

1 Cyfrifwch werth $x^3 + x$ pan fo
(a) $x = 2$.
(b) $x = 3$.
(c) $x = 2.5$.

2 **(a)** Cyfrifwch werth $x^3 - x$ pan fo
(i) $x = 4$. **(ii)** $x = 5$.
(iii) $x = 4.6$. **(iv)** $x = 4.7$.
(v) $x = 4.65$.

(b) Gan ddefnyddio eich atebion i ran **(a)**, rhowch ddatrysiad
$x^3 - x = 94$, yn gywir i 1 lle degol.

Defnyddiwch gynnig a gwella i ateb cwestiynau **3** i **10**. Dangoswch eich cynigion.

3 Darganfyddwch ddatrysiad, rhwng $x = 2$ ac $x = 3$, i'r hafaliad $x^3 = 11$.
Rhowch eich ateb yn gywir i 1 lle degol.

4 **(a)** Dangoswch fod datrysiad i'r hafaliad
$x^3 + 3x = 30$ rhwng $x = 2$ ac $x = 3$.
(b) Darganfyddwch y datrysiad yn gywir i
1 lle degol.

5 **(a)** Dangoswch fod datrysiad i'r hafaliad
$x^3 - 2x = 70$ rhwng $x = 4$ ac $x = 5$.
(b) Darganfyddwch y datrysiad yn gywir i
1 lle degol.

6 Darganfyddwch ddatrysiad i'r hafaliad
$x^3 + 4x = 100$. Rhowch eich ateb yn gywir i
1 lle degol.

7 Darganfyddwch ddatrysiad i'r hafaliad
$x^3 + x = 60$. Rhowch eich ateb yn gywir i 2 le
degol.

8 Darganfyddwch ddatrysiad i'r hafaliad
$x^3 - x^2 = 40$. Rhowch eich ateb yn gywir i
2 le degol.

9 Pan fo rhif, x, yn cael ei adio at y rhif hwnnw
wedi ei sgwario, yr ateb yw 1000.
(a) Ysgrifennwch hyn fel fformiwla.
(b) Darganfyddwch y rhif, yn gywir i 1 lle
degol.

10 Mae rhif wedi ei giwbio, wedyn tynnu'r rhif ei
hun, yn hafal i 600.
Darganfyddwch y rhif, yn gywir i 2 le degol.

YMARFER 13.1GC

1 Lluniadwch bâr o echelinau x ac y a'u labelu o −2 i 4.

   (a) Lluniadwch driongl â'i fertigau yn (1, 1), (1, 3) a (0, 3). Labelwch hwn yn A.

   (b) Adlewyrchwch driongl A yn y llinell $x = 2$. Labelwch hwn yn B.

   (c) Adlewyrchwch driongl A yn y llinell $y = x$. Labelwch hwn yn C.

   (ch) Adlewyrchwch driongl A yn y llinell $y = 2$. Labelwch hwn yn Ch.

2 Lluniadwch bâr o echelinau x ac y a'u labelu o −3 i 3.

   (a) Lluniadwch driongl â'i fertigau yn (−1, 1), (−1, 3) a (−2, 3). Labelwch hwn yn A.

   (b) Adlewyrchwch driongl A yn y llinell $x = \frac{1}{2}$. Labelwch hwn yn B.

   (c) Adlewyrchwch driongl A yn y llinell $y = x$. Labelwch hwn yn C.

   (ch) Adlewyrchwch driongl A yn y llinell $y = -x$. Labelwch hwn yn Ch.

3 I ateb pob rhan
- copïwch y diagram yn ofalus, gan ei wneud yn fwy os dymunwch.
- adlewyrchwch y siâp yn y llinell ddrych.

(a)

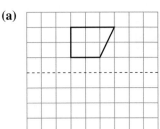

(b)

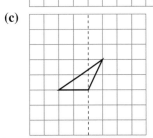

(c)

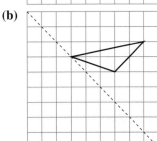

4 Disgrifiwch yn llawn y trawsffurfiad sengl sy'n mapio

   (a) siâp A ar ben siâp B.

   (b) siâp A ar ben siâp C.

   (c) siâp B ar ben siâp Ch.

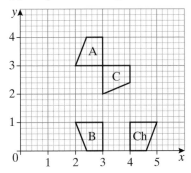

5 Disgrifiwch yn llawn y trawsffurfiad sengl sy'n mapio

(a) triongl A ar ben triongl B.

(b) triongl A ar ben triongl C.

(c) triongl E ar ben triongl F.

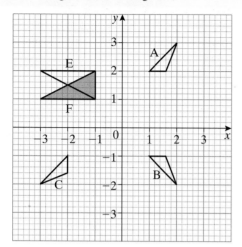

YMARFER 13.2GC

1 Copïwch y diagram.

(a) Cylchdrowch drapesiwm A trwy 180° o amgylch y tarddbwynt. Labelwch hwn yn B.

(b) Cylchdrowch drapesiwm A trwy 90° yn glocwedd o amgylch y pwynt (0, 1). Labelwch hwn yn C.

(c) Cylchdrowch drapesiwm A trwy 90° yn wrthglocwedd o amgylch y pwynt (−1, 1). Labelwch hwn yn Ch.

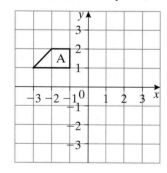

2 Copïwch y diagram.

(a) Cylchdrowch faner A trwy 90° yn glocwedd o amgylch y tarddbwynt. Labelwch hwn yn B.

(b) Cylchdrowch faner A trwy 90° yn wrthglocwedd o amgylch y pwynt (1, −1). Labelwch hwn yn C.

(c) Cylchdrowch faner A trwy 180° o amgylch y pwynt (0, −1). Labelwch hwn yn Ch.

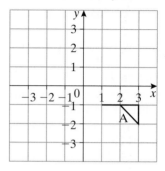

3 Lluniadwch bâr o echelinau x ac y a'u labelu o −4 i 4.

(a) Lluniadwch driongl â'i fertigau yn (1, 1), (2, 1) a (2, 3). Labelwch hwn yn A.

(b) Cylchdrowch driongl A trwy 90° yn wrthglocwedd o amgylch y tarddbwynt. Labelwch hwn yn B.

(c) Cylchdrowch driongl A trwy 180° o amgylch y pwynt (2, 1). Labelwch hwn yn C.

(ch) Cylchdrowch driongl A trwy 90° yn glocwedd o amgylch y pwynt (−2, 1). Labelwch hwn yn Ch.

4 Copïwch y diagram. Cylchdrowch y triongl trwy 180° o amgylch y pwynt C.

5 Copïwch y diagram. Cylchdrowch y siâp trwy 90° yn glocwedd o amgylch y pwynt O.

6 Copïwch y diagram. Cylchdrowch y faner trwy 150° yn glocwedd o amgylch y pwynt A.

A•

7 Disgrifiwch yn llawn y trawsffurfiad sengl sy'n mapio
   (a) trapesiwm A ar ben trapesiwm B.
   (b) trapesiwm A ar ben trapesiwm C.
   (c) trapesiwm A ar ben trapesiwm Ch.

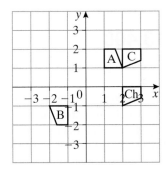

8 Disgrifiwch yn llawn y trawsffurfiad sengl sy'n mapio
   (a) baner A ar ben baner B.
   (b) baner A ar ben baner C.
   (c) baner A ar ben baner Ch.

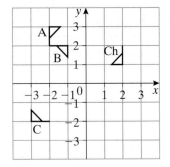

9 Disgrifiwch yn llawn y trawsffurfiad sengl sy'n mapio triongl A ar ben triongl B.

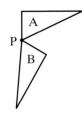

10 Disgrifiwch yn llawn y trawsffurfiad sengl sy'n mapio
   (a) triongl A ar ben triongl B.
   (b) triongl A ar ben triongl C.
   (c) triongl A ar ben triongl Ch.
   (ch) triongl A ar ben triongl D.
   (d) triongl A ar ben triongl Dd.
   Awgrym: Mae rhai o'r trawsffurfiadau hyn yn adlewyrchiadau.

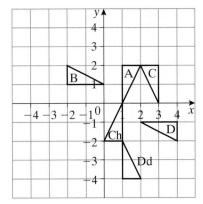

YMARFER 13.3GC

1 Lluniadwch bâr o echelinau x ac y a'u labelu o -2 i 6.
   (a) Lluniadwch driongl â'i fertigau yn (1, 1), (1, 2), a (4, 1). Labelwch hwn yn A.
   (b) Trawsfudwch driongl A â'r fector $\begin{pmatrix} 1 \\ 3 \end{pmatrix}$. Labelwch hwn yn B.
   (c) Trawsfudwch driongl A â'r fector $\begin{pmatrix} -3 \\ 4 \end{pmatrix}$. Labelwch hwn yn C.
   (ch) Trawsfudwch driongl A â'r fector $\begin{pmatrix} -2 \\ -3 \end{pmatrix}$. Labelwch hwn yn Ch.

2 Lluniadwch bâr o echelinau x ac y a'u labelu o -3 i 5.

    (a) Lluniadwch driongl â'i fertigau yn $(2, 1)$, $(2, 3)$ a $(3, 1)$.
        Labelwch hwn yn A.

    (b) Trawsfudwch driongl A â'r fector $\begin{pmatrix} 2 \\ 1 \end{pmatrix}$.
        Labelwch hwn yn B.

    (c) Trawsfudwch driongl A â'r fector $\begin{pmatrix} -5 \\ -3 \end{pmatrix}$.
        Labelwch hwn yn C.

    (ch) Trawsfudwch driongl A â'r fector $\begin{pmatrix} 2 \\ -4 \end{pmatrix}$.
        Labelwch hwn yn Ch.

3 Disgrifiwch y trawsffurfiad sengl sy'n mapio
    (a) triongl A ar ben triongl B.
    (b) triongl A ar ben triongl C.
    (c) triongl A ar ben triongl Ch.
    (ch) triongl B ar ben triongl Ch.

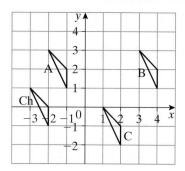

4 Disgrifiwch y trawsffurfiad sengl sy'n mapio
    (a) siâp A ar ben siâp B.
    (b) siâp A ar ben siâp C.
    (c) siâp A ar ben siâp Ch.
    (ch) siâp Ch ar ben siâp D.
    (d) siâp A ar ben siâp Dd.
    (dd) siâp Dd ar ben siâp E.
    (e) siâp B ar ben siâp F.
    (f) siâp F ar ben siâp Dd.
Awgrym: Nid yw pob trawsffurfiad yn drawsfudiad.

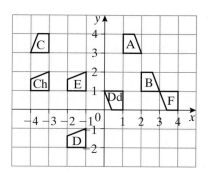

YMARFER 13.4GC

1 Lluniadwch bâr o echelinau x ac y a'u labelu o 0 i 6.

    (a) Lluniadwch driongl â'i fertigau yn $(0, 6)$, $(3, 6)$ a $(3, 3)$. Labelwch hwn yn A.

    (b) Helaethwch driongl A â ffactor graddfa $\frac{1}{3}$, gan ddefnyddio'r tarddbwynt yn ganol yr helaethiad. Labelwch hwn yn B.

    (c) Disgrifiwch yn llawn y trawsffurfiad sengl sy'n mapio triongl B ar ben triongl A.

2 Lluniadwch bâr o echelinau x ac y a'u labelu o 0 i 6.

    (a) Lluniadwch driongl â'i fertigau yn $(5, 2)$, $(5, 6)$ a $(3, 6)$. Labelwch hwn yn A.

    (b) Helaethwch driongl A â ffactor graddfa $\frac{1}{2}$, gyda chanol yr helaethiad yn $(3, 2)$. Labelwch hwn yn B.

    (c) Disgrifiwch yn llawn y trawsffurfiad sengl sy'n mapio triongl B ar ben triongl A.

3 Lluniadwch bâr o echelinau x ac y a'u labelu o 0 i 8.

    (a) Lluniadwch driongl â'i fertigau yn $(2, 1)$, $(2, 3)$, $(3, 2)$. Labelwch hwn yn A.

    (b) Helaethwch driongl A â ffactor graddfa $2\frac{1}{2}$, gan ddefnyddio'r tarddbwynt yn ganol yr helaethiad. Labelwch hwn yn B.

    (c) Disgrifiwch yn llawn y trawsffurfiad sengl sy'n mapio triongl B ar ben triongl A.

4 Lluniadwch bâr o echelinau x ac y a'u labelu o 0 i 7.

   (a) Lluniadwch drapesiwm â'i fertigau yn (1, 2), (1, 3), (2, 3) a (3, 2). Labelwch hwn yn A.

   (b) Helaethwch drapesiwm A â ffactor graddfa 3, gyda chanol yr helaethiad yn (1, 2). Labelwch hwn yn B.

   (c) Disgrifiwch yn llawn y trawsffurfiad sengl sy'n mapio trapesiwm B ar ben trapesiwm A.

5 Disgrifiwch yn llawn y trawsffurfiad sengl sy'n mapio

   (a) triongl A ar ben triongl B.

   (b) triongl B ar ben triongl A.

   (c) triongl A ar ben triongl C.

   (ch) triongl C ar ben triongl A.

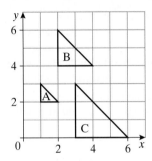

Awgrym: Yng nghwestiynau **6**, **7** ac **8**, nid yw pob trawsffurfiad yn helaethiad.

6 Disgrifiwch yn llawn y trawsffurfiad sengl sy'n mapio

   (a) baner A ar ben baner B.

   (b) baner B ar ben baner C.

   (c) baner B ar ben baner Ch.

   (ch) baner B ar ben baner D.

   (d) baner Dd ar ben baner E.

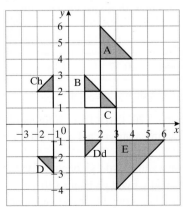

7 Lluniadwch bâr o echelinau x ac y a'u labelu o -4 i 4.

   (a) Lluniadwch driongl â'i fertigau yn (2, 1), (2, 2) a (4, 2). Labelwch hwn yn A.

   (b) Adlewyrchwch driongl A yn y llinell $y = 0$. Labelwch hwn yn B.

   (c) Adlewyrchwch driongl A yn y llinell $x = 1$. Labelwch hwn yn C.

   (ch) Cylchdrowch driongl B trwy 90° o amgylch y tarddbwynt. Labelwch hwn yn Ch.

   (d) Helaethwch driongl A â ffactor graddfa $\frac{1}{2}$, gan ddefnyddio'r tarddbwynt yn ganol yr helaethiad. Labelwch hwn yn D.

8 Copïwch y diagram.

   (a) Cylchdrowch siâp A trwy 90° yn glocwedd o amgylch y tarddbwynt. Labelwch hwn yn B.

   (b) Cylchdrowch siâp A trwy 180° o amgylch y pwynt (2, 2). Labelwch hwn yn C.

   (c) Helaethwch siâp A â ffactor graddfa $\frac{1}{2}$, gyda chanol yr helaethiad yn $(-2, 0)$. Labelwch hwn yn E.

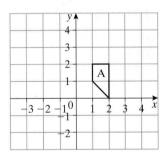

YMARFER 14.1GC

1 Y tebygolrwydd y bydd Sioned yn mynd i'r gwely'n hwyr heno yw 0.2.
   Beth yw'r tebygolrwydd na fydd Sioned yn mynd i'r gwely'n hwyr heno?

2 Y tebygolrwydd y byddaf yn cael chwech wrth daflu dis yw $\frac{1}{6}$.
   Beth yw'r tebygolrwydd na fyddaf yn cael chwech?

3 Y tebygolrwydd y bydd hi'n bwrw eira ar Ddydd Nadolig yw 0.15.
   Beth yw'r tebygolrwydd na fydd hi'n bwrw eira ar Ddydd Nadolig?

4 Y tebygolrwydd y bydd rhywun sy'n cael ei ddewis ar hap yn ysgrifennu â'r llaw chwith yw $\frac{3}{10}$.
   Beth yw'r tebygolrwydd y bydd y person hwnnw'n ysgrifennu â'r llaw dde?

5 Y tebygolrwydd y bydd United yn colli ei gêm nesaf yw 0.08.
   Beth yw'r tebygolrwydd na fydd United yn colli ei gêm nesaf?

6 Y tebygolrwydd y bydd Ian yn bwyta creision un diwrnod yw $\frac{17}{31}$.
   Beth yw'r tebygolrwydd na fydd Ian yn bwyta creision?

YMARFER 14.2GC

1 Mae siop yn gwerthu bara brown, bara gwyn a bara cyflawn.
   Y tebygolrwydd y bydd rhywun yn dewis prynu bara brown yw 0.4 a'r tebygolrwydd y bydd rhywun yn dewis bara gwyn yw 0.5.
   Beth yw'r tebygolrwydd y bydd rhywun yn dewis prynu bara cyflawn?

2 Mae hyfforddwr tîm pêl-droed yn dewis ymosodwr i chwarae yn y gêm nesaf.
   Mae ganddo dri chwaraewr i ddewis o'u plith: Wayne, Michael ac Alan.
   Y tebygolrwydd y bydd yn dewis Wayne yw $\frac{5}{19}$ a'r tebygolrwydd y bydd yn dewis Michael yw $\frac{7}{19}$.
   Beth yw'r tebygolrwydd y bydd yn dewis Alan?

3 Mae cownteri coch, gwyn a glas mewn bag.
   Mae Bethan yn dewis cownter ar hap.
   Y tebygolrwydd y bydd hi'n dewis cownter coch yw 0.4 a'r tebygolrwydd y bydd hi'n dewis cownter glas yw 0.15.
   Beth yw'r tebygolrwydd y bydd hi'n dewis cownter gwyn?

4 Gall Elin fynd i'r dref ar ei beic neu yn ei char, dal y bws neu gymryd tacsi.
   Y tebygolrwydd y bydd hi'n defnyddio ei char yw $\frac{12}{31}$, y tebygolrwydd y bydd hi'n dal y bws yw $\frac{2}{31}$ a'r tebygolrwydd y bydd hi'n cymryd tacsi yw $\frac{13}{31}$.
   Beth yw'r tebygolrwydd y bydd hi'n mynd i'r dref ar ei beic?

5 Mae troellwr tueddol pum ochr wedi ei rifo o 1 i 5. Mae'r tabl yn dangos tebygolrwydd cael rhai o'r sgorau wrth roi tro yn y troellwr.

Sgôr	1	2	3	4	5
Tebygolrwydd	0.37	0.1	0.14		0.22

   Beth yw tebygolrwydd cael 4?

6 Mae papurau £20, £10 a £5 yn unig mewn bag arian. Mae un papur yn cael ei dynnu o'r bag ar hap.
   Y tebygolrwydd y bydd yn bapur £5 yw $\frac{3}{4}$ a'r tebygolrwydd y bydd yn bapur £10 yw $\frac{3}{20}$.
   Beth yw'r tebygolrwydd y bydd yn bapur £20?

YMARFER 14.3GC

1 Y tebygolrwydd y bydd United yn colli ei gêm nesaf yw 0.2.
Sawl gêm y byddech yn disgwyl i United ei cholli yn ystod tymor o 40 gêm?

2 Y tebygolrwydd y bydd hi'n bwrw glaw ar unrhyw ddiwrnod ym mis Mehefin yw $\frac{2}{15}$.
Yn ystod faint o'r 30 diwrnod ym mis Mehefin y byddech yn disgwyl iddi fwrw glaw?

3 Y tebygolrwydd y bydd gyrrwr deunaw oed yn cael damwain yw 0.15.
Mae yna 80 o yrwyr deunaw oed mewn ysgol. Faint o'r rhain y gallech ddisgwyl iddynt gael damwain?

4 Pan fydd Phil yn chwarae gwyddbwyll, y tebygolrwydd y bydd yn ennill yw $\frac{17}{20}$.
Mewn cystadleuaeth, mae Phil yn chwarae 10 gêm.
Faint o'r gemau hyn y byddech yn disgwyl iddo eu hennill?

5 Mae dis cyffredin chwe ochr yn cael ei daflu 90 gwaith. Sawl gwaith y gallech ddisgwyl
(a) cael 4? **(b)** cael odrif?

6 Mae 12 pêl felen, 3 pêl las a 5 pêl werdd mewn blwch.
Mae pêl yn cael ei dewis ar hap, gan nodi ei lliw.
Mae'r bêl yn cael ei gosod yn ôl yn y blwch.
Mae hyn yn cael ei wneud 400 gwaith.
Faint o bob lliw y gallech ddisgwyl ei gael?

YMARFER 14.4GC

1 Mae Pedr yn taflu dis 200 gwaith ac yn cofnodi sawl tro mae pob sgôr yn ymddangos.

Sgôr	1	2	3	4	5	6
Amlder	29	34	35	32	34	36

(a) Cyfrifwch amlder cymharol pob un o'r sgorau.
Rhowch eich atebion yn gywir i 2 le degol.
(b) Yn eich barn chi, ydy dis Pedr yn ddis teg? Rhowch reswm dros eich ateb.

2 Cadwodd Rhys gofnod o ganlyniadau ei hoff dîm pêl-droed.

Ennill: 32   Cyfartal: 11   Colli: 7

(a) Cyfrifwch amlder cymharol pob un o'r tri chanlyniad.
(b) Ydy eich atebion i ran **(a)** yn amcangyfrifon da o debygolrwydd canlyniad y gêm nesaf?
Rhowch reswm dros eich ateb.

3 Mewn arolwg, cafodd 600 o bobl eu holi pa flas creision oedd orau ganddynt.
Mae'r tabl yn dangos y canlyniadau.

Blas	Amlder
Plaen	166
Halen a finegr	130
Caws a nionyn	228
Arall	76

(a) Cyfrifwch amlder cymharol pob blas.
Rhowch eich atebion yn gywir i 2 le degol.
(b) Eglurwch pam mae'n rhesymol defnyddio'r ffigurau hyn i amcangyfrif tebygolrwydd hoff flas creision y person nesaf i gael ei holi.

4 Sylwodd perchennog gorsaf betrol fod 287 cwsmer o blith y 340 a oedd yn llenwi tanciau eu ceir mewn diwrnod yn gwario dros £20.
Defnyddiwch y ffigurau hyn i amcangyfrif y tebygolrwydd y bydd y cwsmer nesaf yn gwario
(a) dros £20.
(b) £20 neu lai.

5 Gwnaeth Jasmine droellwr â'r rhifau 1, 2, 3, 4 a 5 arno.

Rhoddodd brawf ar y troellwr i gael gweld a oedd yn un teg.

Mae'r tabl yn dangos y canlyniadau.

Sgôr	1	2	3	4	5
Amlder	46	108	203	197	96

(a) Cyfrifwch amlder cymharol pob un o'r sgorau.

Rhowch eich atebion yn gywir i 2 le degol.

(b) Yn eich barn chi, ydy'r troellwr yn un teg?

Rhowch reswm dros eich ateb.

6 Mae cownteri melyn, gwyrdd, gwyn a glas mewn blwch.

Mae cownter yn cael ei ddewis o'r blwch, gan nodi ei liw. Mae'r cownter yn cael ei roi yn ei ôl yn y blwch.

Mae'r tabl yn rhoi gwybodaeth am liw y cownter a gafodd ei ddewis.

Lliw	Amlder cymharol
Melyn	0.4
Gwyrdd	0.3
Gwyn	0.225
Glas	0.075

(a) Yn gyfan gwbl, mae 80 cownter yn y blwch.

Yn eich barn chi, faint sydd yna o bob lliw?

(b) Pa wybodaeth arall y mae ei hangen arnoch cyn y gallwch fod yn sicr fod eich atebion i ran (a) yn fanwl gywir?

YMARFER 15.1GC

1 Lluniwch graff $y = 3x$ ar gyfer gwerthoedd x o -3 i 3.

2 Lluniwch graff $y = x + 2$ ar gyfer gwerthoedd x o -4 i 2.

3 Lluniwch graff $y = 4x + 2$ ar gyfer gwerthoedd x o -3 i 3.

4 Lluniwch graff $y = 2x - 5$ ar gyfer gwerthoedd x o -1 i 5.

5 Lluniwch graff $y = -2x - 4$ ar gyfer gwerthoedd x o -4 i 2.

YMARFER 15.2GC

1 Lluniwch graff $3y = 2x + 6$ ar gyfer gwerthoedd $x = -3$ i 3.

2 Lluniwch graff $2x + 5y = 10$.

3 Lluniwch graff $3x + 2y = 15$.

4 Lluniwch graff $2y = 5x - 8$ ar gyfer gwerthoedd $x = -2$ i 4.

5 Lluniwch graff $3x + 4y = 24$.

YMARFER 15.3GC

1 Mae Siôn yn paratoi i gael bath. Mae'r graff yn dangos cyfaint y dŵr (V galwyn) sydd yn y bath ar ôl t munud.

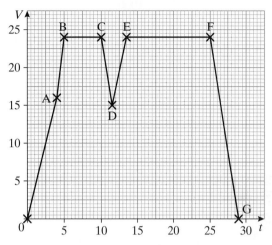

(a) Sawl galwyn o ddŵr sydd yn y bath ar amser A?

(b) Mae Siôn yn mynd i'r bath ar amser B ac yn dod ohono ar amser F. Am faint o amser y mae Siôn yn y bath?

(c) Rhwng 0 ac A, y tap dŵr poeth sy'n agored. Sawl galwyn o ddŵr y funud sy'n dod trwy'r tap dŵr poeth?

(ch) Rhwng amserau A a B mae'r ddau dap yn agored.
Beth yw cyfradd llif y dŵr trwy'r ddau dap gyda'i gilydd?
Rhowch eich ateb mewn galwyni/munud.

(d) Disgrifiwch beth sy'n digwydd rhwng C ac E.

(dd) Ar ba gyfradd roedd y bath yn gwacáu?
Rhowch eich ateb mewn galwyni/munud.

2 Fel hyn y mae argraffydd yn prisio cynhyrchu rhaglenni:

pris sefydlog o £*a*
+
x ceiniog y rhaglen am y 1000 rhaglen gyntaf
+
80 ceiniog y rhaglen am bob rhaglen dros 1000.

Mae'r graff yn dangos cyfanswm pris argraffu hyd at 1000 o raglenni.

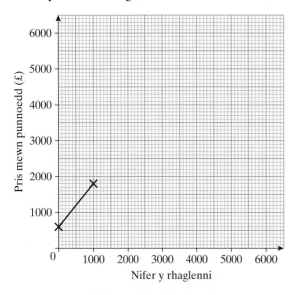

(a) Faint yw'r pris sefydlog, £*a*?
(b) Cyfrifwch *x*, y pris y rhaglen am y 1000 rhaglen gyntaf.
(c) Copïwch y graff ac ychwanegwch segment llinell i ddangos y prisiau am 1000 i 6000 o raglenni.
(ch) Faint yw cyfanswm y pris am 3500 o raglenni?
(d) Faint yw'r pris cyfartalog y rhaglen am 3500 o raglenni?

3 Mae'r graff yn dangos taith trên.

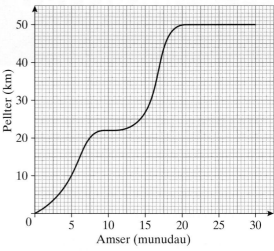

(a) Faint o amser a gymerodd y daith?
(b) Faint oedd pellter y daith?
(c) Pa mor bell o'r man cychwyn oedd yr orsaf gyntaf?
(ch) Am faint o amser yr arhosodd y trên yn yr orsaf gyntaf?
(d) Pa bryd roedd y trên yn teithio gyflymaf?

4 Mae dŵr yn cael ei arllwys i bob un o'r cynwysyddion hyn ar gyfradd gyson nes eu bod yn llawn.

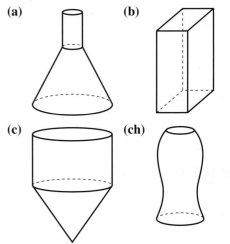

Mae'r graffiau hyn yn dangos dyfnder y dŵr (*d*) yn erbyn amser (*t*).

Dewiswch y graff mwyaf addas ar gyfer pob gwydryn.

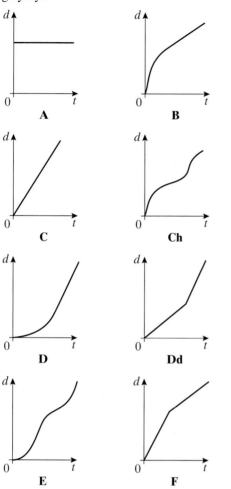

A

B

C

Ch

D

Dd

E

F

Mae'r graff yn dangos prisiau Cynllun A a phrisiau Cynllun B am hyd at 100 munud o sgwrsio.

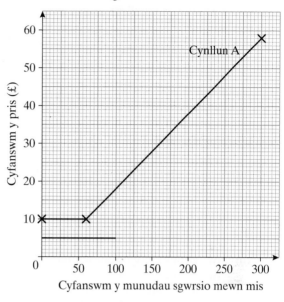

(a)   Darganfyddwch bris y tanysgrifiad misol i Gynllun B (£t).

(b)   Mae Shamir wedi dewis Cynllun B. Faint y mae'n ei dalu os yw'n defnyddio ei ffôn am 250 munud bob mis?

(c)   Copïwch y graff ac ychwanegwch linell i ddangos prisiau Cynllun B am 100 i 250 munud.

(ch)   Am faint o funudau sgwrsio y mae prisiau'r ddau gynllun yr un fath?

(d)   Pa gynllun yw'r rhataf pan fo'r amser sgwrsio yn 220 munud? Faint yn rhatach yw'r cynllun hwn?

5   Mae cwsmeriaid cwmni ffôn symudol yn cael dewis o ddau gynllun talu.

	Cynllun A	Cynllun B
Tanysgrifiad misol	£10.00	£t
Amser sgwrsio am ddim yn ystod pob mis	60 munud	100 munud
Pris y funud dros yr amser sgwrsio am ddim	a ceiniog	35 ceiniog

6   Mae'r tabl yn dangos cost anfon parseli.
    Mae'r graff yn dangos yr wybodaeth sydd yn rhes gyntaf y tabl.

Pwysau mwyaf	Cost
10 kg	£13.85
11 kg	£14.60
12 kg	£15.35
13 kg	£16.10
14 kg	£16.85
15 kg	£17.60

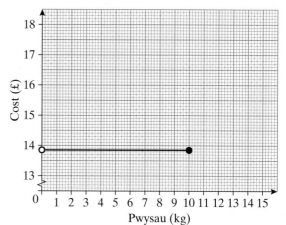

(a)   Faint yw cost anfon parsel sy'n pwyso
      (i)   9.6 kg?   (ii)   10 kg?   (iii)   10.1 kg?
(b)   (i)   Beth yw ystyr y dot ar y dde i'r llinell?
      (ii) Beth yw ystyr y cylch ar y chwith i'r llinell?
(c)   Copïwch y graff ac ychwanegwch linellau i ddangos costau anfon parseli sy'n pwyso hyd at
      15 kg.
(ch) Anfonodd Hafwen un parsel yn pwyso 8.4 kg ac un arall yn pwyso 12.8 kg.
      Faint oedd cyfanswm y gost?

7   Dau frawd yw Siôn a Hywel
    sy'n byw yn yr un tŷ. Mae'r
    graff yn dangos taith feicio Siôn
    o'u cartref. Mae'n beicio am
    awr, yn stopio i orffwys ac yna'n
    parhau â'i daith.
    (a)   Pa mor bell y teithiodd
          Siôn yn y 45 munud
          cyntaf?
    (b)   Am sawl munud y
          gorffwysodd Siôn?
    (c)   Mae Hywel yn cychwyn
          o'u cartref am 3 p.m. ac
          mae'n teithio yn ei gar ar
          25 m.y.a. ar hyd yr un
          llwybr â Siôn. Lluniwch ei
          daith ar gopi o'r graff
          gyferbyn.
    (ch) Ysgrifennwch yr amser pan
          fydd Hywel yn mynd heibio i Siôn.

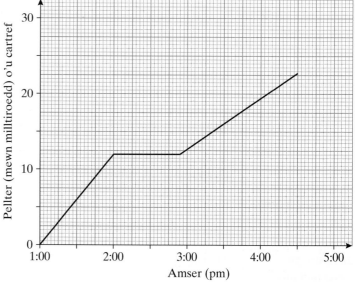

CBAC Haf 2005

YMARFER 15.4GC

1 Pa rai o'r ffwythiannau hyn sy'n gwadratig?

I bob ffwythiant sy'n gwadratig, nodwch a fydd siâp ei graff yn ∪ neu'n ∩.

(a) $y = x^2 + 7$ **(b)** $y = 2x^3 + x^2 - 4$ **(c)** $y = x^2 + x - 7$ **(ch)** $y = x(6 - x)$

(d) $y = \dfrac{5}{x^2}$ **(dd)** $y = x(x^2 + 1)$ **(e)** $y = 2x(x + 2)$ **(f)** $y = 5 + 3x - x^2$

2 **(a)** Copïwch a chwblhewch y tabl gwerthoedd ar gyfer $y = 2x^2$.

x	-3	-2	-1	0	1	2	3
x^2	9					4	
$y = 2x^2$	18					8	

(b) Plotiwch graff $y = 2x^2$. Defnyddiwch y raddfa 2 cm ar gyfer 1 uned ar yr echelin x ac 1 cm ar gyfer 1 uned ar yr echelin y.

(c) Defnyddiwch eich graff

(i) i ddarganfod gwerth y pan fo $x = -1.8$. **(ii)** i ddatrys $2x^2 = 12$.

3 **(a)** Copïwch a chwblhewch y tabl gwerthoedd ar gyfer $y = x^2 + x$.

x	-4	-3	-2	-1	0	1	2	3
x^2			4					9
$y = x^2 + x$								12

(b) Plotiwch graff $y = x^2 + x$. Defnyddiwch y raddfa 2 cm ar gyfer 1 uned ar yr echelin x ac 1 cm ar gyfer 1 uned ar yr echelin y.

(c) Defnyddiwch eich graff

(i) i ddarganfod gwerth y pan fo $x = 1.6$. **(ii)** i ddatrys $x^2 + x = 8$.

4 **(a)** Copïwch a chwblhewch y tabl gwerthoedd ar gyfer $y = x^2 - x + 2$.

x	-3	-2	-1	0	1	2	3	4
x^2		4						16
$-x$		2						-4
2		2						2
$y = x^2 - x + 2$		8						14

(b) Plotiwch graff $y = x^2 - x + 2$. Defnyddiwch y raddfa 2 cm ar gyfer 1 uned ar yr echelin x ac 1 cm ar gyfer 1 uned ar yr echelin y.

(c) Defnyddiwch eich graff

(i) i ddarganfod gwerth y pan fo $x = 0.7$. **(ii)** i ddatrys $x^2 - x + 2 = 6$.

5 **(a)** Copïwch a chwblhewch y tabl gwerthoedd ar gyfer $y = x^2 + 2x - 5$.

x	-5	-4	-3	-2	-1	0	1	2	3
x^2				4					9
$2x$				-4					6
-5				-5					-5
$y = x^2 + 2x - 5$				-5					10

    (b) Plotiwch graff $y = x^2 + 2x - 5$. Defnyddiwch y raddfa 2 cm ar gyfer 1 uned ar yr echelin x ac 1 cm ar gyfer 1 uned ar yr echelin y.

    (c) Defnyddiwch eich graff

        (i) i ddarganfod gwerth y pan fo $x = -1.4$.   **(ii)** i ddatrys $x^2 + 2x - 5 = 0$.

6 **(a)** Copïwch a chwblhewch y tabl gwerthoedd ar gyfer $y = 8 - x^2$.

x	-3	-2	-1	0	1	2	3
8				8			8
$-x^2$				0			-9
$y = 8 - x^2$				8			-1

    (b) Plotiwch graff $y = 8 - x^2$. Defnyddiwch y raddfa 2 cm ar gyfer 1 uned ar yr echelin x ac 1 cm ar gyfer 1 uned ar yr echelin y.

    (c) Defnyddiwch eich graff

        (i) i ddarganfod gwerth y pan fo $x = 0.5$.   **(ii)** i ddatrys $8 - x^2 = -2$.

7 **(a)** Copïwch a chwblhewch y tabl gwerthoedd ar gyfer $y = (x - 2)(x + 1)$.

x	-3	-2	-1	0	1	2	3	4
$x - 2$		-4					1	
$x + 1$		-1					4	
$y = (x - 2)(x + 1)$		4					4	

    (b) Plotiwch graff $y = (x - 2)(x + 1)$. Defnyddiwch y raddfa 2 cm ar gyfer 1 uned ar yr echelin x ac 1 cm ar gyfer 1 uned ar yr echelin y.

    (c) Defnyddiwch eich graff

        (i) i ddarganfod gwerth lleiaf y.   **(ii)** i ddatrys $(x - 2)(x + 1) = 2.5$.

8 **(a)** Gwnewch dabl gwerthoedd ar gyfer $y = x^2 - 3x + 2$. Dewiswch werthoedd x o -2 i 5.

    (b) Plotiwch graff $y = x^2 - 3x + 2$. Defnyddiwch y raddfa 2 cm ar gyfer 1 uned ar yr echelin x ac 1 cm ar gyfer 1 uned ar yr echelin y.

    (c) Defnyddiwch eich graff i ddatrys

        (i) $x^2 - 3x + 2 = 1$.   **(ii)** $x^2 - 3x + 2 = 10$.

YMARFER 16.1GC

1 Trawsnewidiwch yr unedau hyn.
- **(a)** 25 cm yn mm
- **(b)** 24 m yn cm
- **(c)** 1.36 cm yn mm
- **(ch)** 15.1 cm yn mm
- **(d)** 0.235 m yn mm

2 Trawsnewidiwch yr unedau hyn.
- **(a)** 2 m^2 yn cm^2
- **(b)** 3 cm^2 yn mm^2
- **(c)** 1.12 m^2 yn cm^2
- **(ch)** 0.05 cm^2 yn mm^2
- **(d)** 2 m^2 yn mm^2

3 Trawsnewidiwch yr unedau hyn.
- **(a)** 8000 mm^2 yn cm^2
- **(b)** 84 000 mm^2 yn cm^2
- **(c)** 2 000 000 cm^2 yn m^2
- **(ch)** 18 000 000 cm^2 yn m^2
- **(d)** 64 000 cm^2 yn m^2

4 Trawsnewidiwch yr unedau hyn.
- **(a)** 32 cm^3 yn mm^3
- **(b)** 24 m^3 yn cm^3
- **(c)** 5.2 cm^3 yn mm^3
- **(ch)** 0.42 m^3 yn cm^3
- **(d)** 0.02 cm^3 yn mm^3

5 Trawsnewidiwch yr unedau hyn.
- **(a)** 5 200 000 cm^3 yn m^3
- **(b)** 270 000 mm^3 yn cm^3
- **(c)** 210 cm^3 yn m^3
- **(ch)** 8.4 m^3 yn mm^3
- **(d)** 170 mm^3 yn cm^3

6 Trawsnewidiwch yr unedau hyn.
- **(a)** 36 litr yn cm^3
- **(b)** 6300 ml yn litrau
- **(c)** 1.4 litr yn ml
- **(ch)** 61 ml yn litrau
- **(d)** 5400 cm^3 yn litrau

YMARFER 16.2GC

1 Copïwch a chwblhewch bob un o'r gosodiadau hyn.
- **(a)** Mae hyd sy'n cael ei nodi fel 4.3 cm, i 1 lle degol, rhwng .... cm a .... cm.
- **(b)** Mae cynhwysedd sy'n cael ei nodi fel 463 ml, i'r mililitr agosaf, rhwng .... ml a .... ml
- **(c)** Mae amser sy'n cael ei nodi fel 10.5 eiliad, i'r degfed agosaf o eiliad, rhwng .... eiliad a .... eiliad.
- **(ch)** Mae màs sy'n cael ei nodi fel 78 kg, i'r cilogram agosaf, rhwng .... kg a .... kg.
- **(d)** Mae arwynebedd sy'n cael ei nodi fel 5.5 m^2, i 1 lle degol, rhwng .... m^2 a .... m^2.

2 Cafodd nifer y bobl oedd yn gwylio gêm bêl-droed ei nodi fel 24 000 i'r fil agosaf.
Beth yw'r nifer lleiaf o bobl a allai fod wedi gwylio'r gêm?

3 Mesurodd Ceri ei thaldra a nodi ei fod yn 142 cm i'r centimetr agosaf.
Ysgrifennwch y ddau werth y mae'n rhaid i'w thaldra fod rhyngddynt.

4 Mae uchder desg wedi ei nodi fel 75.0 cm i 1 lle degol.
Ysgrifennwch y ddau werth y mae'n rhaid i'r uchder fod rhyngddynt.

5 Mesurodd Rhys drwch darn o bren haenog a nodi ei fod yn 7.83 mm,
i 2 le degol.
Ysgrifennwch y trwch lleiaf a'r trwch mwyaf y gallai fod.

6 Mae hyd ochrau'r triongl hwn wedi eu nodi mewn centimetrau, yn gywir i 1 lle degol.

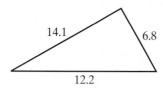

    (a) Ysgrifennwch yr hyd byrraf a'r hyd hiraf sy'n bosibl i bob ochr.
    (b) Ysgrifennwch yr hyd byrraf a'r hyd hiraf sy'n bosibl i'r perimedr.

7 Mae gan John ddau ddarn o linyn.
Mae'n mesur eu hyd yn 125 mm a 182 mm, i'r milimetr agosaf.
Mae'n gosod y ddau ddarn pen wrth ben.
Beth yw'r byrraf a'r hiraf y mae eu hyd cyfunol yn gallu bod?

8 Mae Mel a Mari ill dwy yn prynu afalau. Mae Mel yn prynu 3.5 kg ac mae Mari yn prynu 4.2 kg.
Mae'r ddau bwysau yn gywir i'r degfed agosaf o gilogram.
    (a) Beth yw'r gwahaniaeth lleiaf sy'n bosibl rhwng y pwysau maen nhw wedi eu prynu?
    (b) Beth yw'r gwahaniaeth mwyaf sy'n bosibl rhwng y pwysau maen nhw wedi eu prynu?

YMARFER 16.3GC

1 Ailysgrifennwch bob un o'r gosodiadau hyn gan ddefnyddio gwerthoedd priodol ar gyfer y mesuriadau.
    (a) Fy màs yw 78.32 kg
    (b) Mae Catrin yn cymryd 16 munud ac 15.6 eiliad i gerdded i'r ysgol.
    (c) Y pellter o Abertawe i Fangor yw 161.64 milltir.
    (ch) Hyd ein hystafell ddosbarth yw 5 metr 14 cm 3 mm.
    (d) Mae fy jwg dŵr yn dal 3.02 litr.

2 Atebwch bob un o'r cwestiynau hyn i fanwl gywirdeb priodol.
    (a) Amcangyfrifwch hyd y llinell hon.

    (b) Amcangyfrifwch faint yr ongl hon.

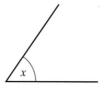

    (c) Hyd petryal yw 2.3 cm a'i led yw 4.5 cm. Darganfyddwch arwynebedd y petryal.
    (ch) Diamedr cylch yw 8 cm. Cyfrifwch y cylchedd.
    (d) Cyfaint ciwb yw 7 cm^3. Darganfyddwch hyd un o'i ymylon.
    (dd) Gallwn ddarganfod ongl mewn siart cylch trwy gyfrifo $\frac{4}{7} \times 360°$. Faint yw'r ongl?
    (e) Mae bws yn teithio 73 milltir ar fuanedd cyfartalog o 33 m.y.a. Faint mae'r daith yn ei gymryd?
    (f) Mae 6 ffrind yn rhannu £14 yn gyfartal rhyngddynt. Faint mae pob un yn ei gael?

YMARFER 16.4GC

1 Mae cwch yn teithio 24 km mewn 3 awr. Cyfrifwch ei fuanedd cyfartalog.

2 Mae car yn teithio 197 milltir ar draffordd mewn 3 awr. Cyfrifwch ei fuanedd cyfartalog. Rhowch eich ateb yn gywir i 1 lle degol.

3 Mae Anne yn cerdded ar fuanedd cyfartalog o 3.5 km/awr am 2 awr 30 munud. Pa mor bell y mae hi'n cerdded?

4 Faint o amser mae cwch sy'n hwylio ar 12 km/awr yn ei gymryd i deithio 64 km?

5 Dwysedd craig yw 9.3 g/cm^3. Ei chyfaint yw 60 cm^3. Faint yw ei màs?

6 Cyfrifwch ddwysedd darn o fetel sydd â'i fàs yn 300 g a'i gyfaint yn 84 cm^3. Rhowch eich ateb i fanwl gywirdeb priodol.

7 Mae dyn yn cerdded 10 km mewn 2 awr 15 munud. Beth yw ei fuanedd cyfartalog mewn km/awr? Rhowch eich ateb i fanwl gywirdeb priodol.

8 Cyfrifwch fàs carreg sydd â'i chyfaint yn 46 cm^3 a'i dwysedd yn 7.6 g/cm^3.

9 Dwysedd copr yw 8.9 g/cm^3. Cyfrifwch gyfaint bloc o gopr sydd â'i fàs yn 38 g. Rhowch eich ateb i fanwl gywirdeb priodol.

10 Beth yw dwysedd nwy os yw màs o 32 kg ohono'n llenwi cyfaint o 25 m^3? Rhowch eich ateb i fanwl gywirdeb priodol.

11 Poblogaeth tref fach yn America yw 235 ac mae ei harwynebedd yn 35 km^2. Darganfyddwch ddwysedd poblogaeth y dref, sef faint o bobl sydd yna i bob cilometr sgwâr.

12 Gadawodd bws yr orsaf fysiau am 0910 a theithiodd 72 km mewn 90 munud nes cyrraedd castell Caerwen.
   (a) Cyfrifwch ei fuanedd cyfartalog. Arhosodd y bws wrth y castell am $3\frac{1}{2}$ awr cyn teithio'n ôl ar fuanedd cyfartalog o 55 km/awr.
   (b) Am faint o'r gloch y cyrhaeddodd yn ôl? Rhowch eich ateb i'r munud agosaf.

YMARFER 17.1GC

1 Nodwch ai data cynradd neu ddata eilaidd yw'r canlynol.

    (a) Pwyso bagiau o ffrwythau

    (b) Defnyddio amserlenni bysiau

    (c) Chwilio am brisiau gwyliau ar y rhyngrwyd

    (ch) Meddyg yn ychwanegu data am glaf newydd at ei gofnodion ar ôl gweld y claf

2 Mae Lisa yn cynnal arolwg ac wedi ysgrifennu'r cwestiwn hwn.

> Beth yw lliw eich gwallt?
>
> Du ☐   Brown ☐   Melyn ☐

    (a) Rhowch reswm pam mae'r cwestiwn hwn yn anaddas.

    (b) Ysgrifennwch fersiwn gwell.

3 Mae Steffan yn cynnal arolwg ynglŷn â'r cyfleusterau chwaraeon yn ei ardal. Dyma un o'i gwestiynau.

> Faint ydych chi'n mwynhau cymryd rhan mewn chwaraeon?
>
>   1   2   3   4   5

    (a) Rhowch reswm pam mae'r cwestiwn hwn yn anaddas.

    (b) Ysgrifennwch fersiwn gwell.

4 Mae Menna yn cynnal arolwg ynglŷn â chinio ysgol.

Mae hi'n dosbarthu holiaduron i'r 30 person cyntaf sydd yn y rhes yn disgwyl eu cinio.

    (a) Pam mae hwn yn debygol o roi sampl tueddol?

    (b) Disgrifiwch well dull o gael sampl i'w harolwg.

5 Dyma un o gwestiynau Menna.

> Onid ydych chi'n cytuno nad oes digon o saladau ar y fwydlen?

    (a) Rhowch reswm pam mae'r cwestiwn hwn yn anaddas.

    (b) Ysgrifennwch fersiwn gwell.

6 Mae arolwg i'w gynnal ynglŷn ag enillion ac arian poced disgyblion.

Ysgrifennwch bum cwestiwn addas a ddylai gael eu cynnwys mewn arolwg o'r fath.

YMARFER 18.1GC

1 Edrychwch ar y dilyniant hwn o gylchoedd. Mae'r pedwar patrwm cyntaf yn y dilyniant wedi cael eu lluniadu.

  (a) Faint o gylchoedd fydd yn y 100fed patrwm?

  (b) Disgrifiwch reol safle-i-derm y dilyniant hwn.

2 Edrychwch ar y dilyniant hwn o batrymau coesau matsys.

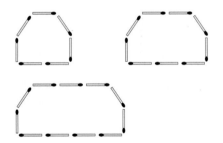

  (a) Copïwch a chwblhewch y tabl hwn.

Rhif y patrwm	1	2	3	4	5
Nifer y coesau matsys					

  (b) Pa batrymau y gallwch eu gweld yn y niferoedd?

  (c) Darganfyddwch nifer y coesau matsys fydd yn y 50fed patrwm.

3 Dyma ddilyniant o batrymau sêr.

```
              *  *  *
        *  *  *  *  *
  *     *  *  *  *  *
  *     *  *  *  *  *
```

  (a) Lluniadwch y patrwm nesaf yn y dilyniant.

  (b) Heb luniadu'r patrwm, darganfyddwch nifer y sêr fydd yn yr 8fed patrwm. Eglurwch sut y cawsoch eich ateb.

4 Mae'r rhifau mewn dilyniant yn cael eu rhoi gan y rheol hon:

  Lluosi rhif y safle â 7, yna tynnu 10.

  (a) Dangoswch mai term cyntaf y dilyniant yw -3.

  (b) Darganfyddwch y pedwar term nesaf yn y dilyniant.

5 Darganfyddwch bedwar term cyntaf y dilyniannau sydd â'r canlynol yn $n$fed term.

  (a) $10n$ **(b)** $8n + 2$

6 Darganfyddwch bum term cyntaf y dilyniannau sydd â'r canlynol yn $n$fed term.

  (a) n^2 **(b)** $2n^2$ **(c)** $5n^2$

7 Term cyntaf dilyniant yw 3. Y rheol gyffredinol ar gyfer y dilyniant yw lluosi term â 3 i gael y term nesaf.
Ysgrifennwch bum term cyntaf y dilyniant.

8 Mewn dilyniant mae $T_1 = 12$ ac mae $T_{n+1} = T_n - 5$.
Ysgrifennwch bedwar term cyntaf y dilyniant hwn.

9 Lluniadwch batrymau addas i gynrychioli'r dilyniant hwn.

$$1, 4, 7, 10, \ldots$$

10 Lluniadwch batrymau addas i gynrychioli'r dilyniant hwn.

$$1 \times 1, 3 \times 3, 5 \times 5, 7 \times 7, \ldots$$

YMARFER 18.2GC

1 Darganfyddwch yr $n$fed term ym mhob un o'r dilyniannau hyn.
  (a) 10, 13, 16, 19, 22, ...
  (b) 0, 1, 2, 3, 4, ...
  (c) $-3, -1, 1, 3, 5, \ldots$

2 Darganfyddwch yr $n$fed term ym mhob un o'r dilyniannau hyn.
  (a) 25, 20, 15, 10, 5, ...
  (b) $4, 2, 0, -2, -4, \ldots$
  (c) $3, 2, 1, 0, -1, \ldots$

3 Pa rai o'r dilyniannau hyn sy'n llinol? Darganfyddwch y ddau derm nesaf ym mhob un o'r dilyniannau sy'n llinol.
  (a) 2, 5, 10, 17, ...
  (b) 2, 5, 8, 11, ...
  (c) 1, 3, 6, 10, ...
  (ch) $12, 8, 4, 0, -4, \ldots$

4 (a) Ysgrifennwch bum term cyntaf y dilyniant sydd â'i $n$fed term yn $100n$.
  (b) Cymharwch eich atebion â'r dilyniant hwn.

$$99, 199, 299, 399, \ldots$$

  Ysgrifennwch $n$fed term y dilyniant hwn.

5 Mae cwmni archebu trwy'r post yn codi £25 am bob crys, ynghyd â chost anfon o £3.
  (a) Copïwch a chwblhewch y tabl.

Nifer y crysau	1	2	3
Cost mewn £			

  (b) Ysgrifennwch fynegiad ar gyfer cost, mewn punnoedd, cael n crys.
  (c) Mae Paul yn talu £128 am grysau. Sawl crys y mae'n ei brynu?

6 (a) Ysgrifennwch bum term cyntaf y dilyniant sydd â'i $n$fed term yn n^2.
  (b) Cymharwch eich atebion â'r dilyniant hwn.

$$0, 3, 8, 15, 24, \ldots$$

  Ysgrifennwch $n$fed term y dilyniant hwn.

7 Yr $n$fed rhif triongl yw $\dfrac{n(n+1)}{2}$.

Darganfyddwch y 60fed rhif triongl.

8 Yr $n$fed term mewn dilyniant yw 2^n.
  (a) Ysgrifennwch bum term cyntaf y dilyniant hwn.
  (b) Disgrifiwch y dilyniant.

9 (a) Ysgrifennwch y pum rhif ciwb cyntaf.
  (b) Cymharwch y dilyniant canlynol â dilyniant y rhifau ciwb.

$$3, 10, 29, 66, 127, \ldots$$

  Defnyddiwch yr hyn sy'n tynnu eich sylw i ysgrifennu $n$fed term y dilyniant hwn.
  (c) Darganfyddwch 10fed term y dilyniant hwn.

10 (a) Cymharwch y dilyniant canlynol â dilyniant rhifau sgwâr.

$$5, 20, 45, 80, 125, \ldots$$

  Defnyddiwch yr hyn sy'n tynnu eich sylw i ysgrifennu $n$fed term y dilyniant hwn.
  (b) Darganfyddwch 20fed term y dilyniant hwn.

11 Darganfyddwch yr $n$fed term ym mhob un o'r dilyniannau hyn.
  (a) $1 \times 2, 2 \times 3, 3 \times 4, 4 \times 5, \ldots$
  (b) $1 \times 3, 2 \times 5, 3 \times 7, 4 \times 9, \ldots$
  (c) $2 \times 1, 4 \times 3, 6 \times 5, 8 \times 7, \ldots$

YMARFER 19.1GC

1 Mae dau bwynt, A a B, 7 cm oddi wrth ei gilydd.
Lluniwch locws pwyntiau sydd gytbell o A a B.

2 Nid yw mochyn daear byth yn crwydro'n bellach na 3 milltir o'i gartref.
Lluniadwch ddiagram wrth raddfa i ddangos y rhanbarthau lle gallai'r mochyn daear fynd i chwilio am fwyd.

3 Lluniwch driongl hafalochrog, ABC, â hyd eich ochr yn 6 cm.
Lliwiwch ranbarth y pwyntiau y tu mewn i'r triongl sy'n agosach at AB nag at AC.

4 Mesuriadau gardd betryal yw 8 m wrth 6 m.
Mae ffens yn cael ei chodi o Ff, ar ongl sgwâr ar draws yr ardd.
Lluniadwch ddiagram wrth raddfa a lluniwch linell y ffens.

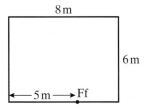

5 Lluniadwch sgwâr, ABCD, â hyd ei ochr yn 5 cm.
Lluniwch locws y pwyntiau, y tu mewn i'r sgwâr, sy'n bellach na 3 cm o A.

6 Mae Zeke yn cerdded ar draws cae.
Mae'n sylwi bod tarw'n cychwyn rhedeg ar ei ôl. Mae Zeke yn rhedeg y pellter byrraf at y berth.
Copïwch y diagram a lluniadwch y llwybr y dylai Zeke ei ddilyn.

Perth

• Zeke

7 Lluniadwch betryal, PQRS, â'r ochrau PQ = 7 cm a QR = 5 cm.
Lliwiwch ranbarth y pwyntiau sy'n agosach at P nag at Q.

8 Lluniadwch ongl 80°.
Lluniwch hanerydd yr ongl.

9 Mae swyddfa'n ystafell betryal, 16 m wrth 12 m. Mae dau soced trydan yn y swyddfa, y naill a'r llall yng nghorneli cyferbyn yr ystafell. Hyd gwifren glanhawr llawr yw 10 m.
Lluniadwch ddiagram wrth raddfa i ddangos faint o'r ystafell sy'n gallu cael ei glanhau.

10 Paratowch luniad arall wrth raddfa o'r swyddfa yng nghwestiwn **9**.
Lliwiwch locws pwyntiau sydd gytbell o'r ddau soced trydan.
Defnyddiwch y locws hwn i ddarganfod hyd angenrheidiol y wifren er mwyn i'r glanhawr llawr allu cyrraedd pob man yn yr ystafell.

YMARFER 19.2GC

1 Lluniadwch bwynt a'i labelu'n P.
Lluniwch locws y pwyntiau sy'n llai na 4 cm
o P ac yn fwy na 6 cm o P.

2 Mae gardd betryal yn mesur 20 m wrth 12 m.
Mae coeden i'w phlannu fel ei bod yn bellach
na 4 m o bob cornel o'r ardd.
Lluniadwch luniad wrth raddfa i ddarganfod y
rhanbarth lle mae'r goeden yn gallu cael ei
phlannu.

3 Y pellter rhwng dau bwynt, A a B, yw 5 cm.
Darganfyddwch y rhanbarth sydd yn llai na
3 cm o A a mwy na 4 cm o B.

4 Lluniadwch yn fanwl gywir y triongl PQR
sydd â PQ = 6 cm, P = 40° a Q = 35°.
Darganfyddwch y pwynt X, sydd 2 cm o R ac
yn gytbell o P a Q.

5 Mae dwy orsaf y glannau, A a B,
20 km oddi wrth ei gilydd ar arfordir
syth. Yng ngorsaf A mae'r gwyliwr yn gwybod
bod llong o fewn 15 km iddo.
Yng ngorsaf B mae'r gwyliwr yn gwybod bod
yr un llong o fewn 10 km iddo.
Lluniadwch luniad wrth raddfa i ddangos y
rhanbarth lle gallai'r llong fod.

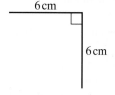

6 Mae dwy linell, â hyd y naill a'r llall yn 6 cm,
wedi eu huno i ffurfio ongl sgwâr.
Lluniadwch ranbarth y pwyntiau sydd yn llai na
3 cm oddi wrth y llinellau hyn.

6 cm

6 cm

7 Y pellter rhwng dau bwynt, P a Q, yw 7 cm.
Darganfyddwch y pwyntiau sydd yr un pellter
o P a Q ac sydd hefyd o fewn 5 cm i Q.

8 Mae'r diagram yn dangos tair gorsaf gwylwyr
y glannau, C, D ac E.
Mae llong o fewn 25 km i C ac yn agosach at
DE nag at DC.
Darganfyddwch y rhanbarth lle gallai'r llong
fod.

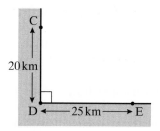

9 Mae gardd yn betryal, ABCD, lle mae
AB = 5 m a BC = 3 m.
Mae gwely blodau newydd i'w osod yn yr ardd.
Rhaid iddo fod yn fwy na 2 m o A ac yn llai
nag 1.5 m o CD.
Lluniadwch luniad wrth raddfa i ddangos ble
dylai'r gwely blodau gael ei osod.

10 Triongl yw EFG, gydag EF = 6 cm,
FG = 8 cm ac EG = 10 cm.
Lluniwch y perpendicwlar o F i EG.
Nodwch ar y llinell hon y pwyntiau sydd yn
bellach na 7 cm o G.

YMARFER 20.1GC

Cyfrifwch y rhain ar gyfrifiannell heb ysgrifennu'r atebion i'r camau canol.

Os na fydd yr atebion yn union, rhowch nhw'n gywir i 2 le degol.

1 $\dfrac{7.3 + 8.5}{5.7}$

2 $\dfrac{158 + 1027}{125}$

3 $\dfrac{6.7 + 19.5}{12.2 - 5.7}$

4 $\sqrt{128} - 34.6$

5 $5.7 + \dfrac{1.89}{0.9}$

6 $(12.6 - 9.8)^2$

7 $\dfrac{8.9}{2.3 \times 5.6}$

8 $\dfrac{15.4}{2.3^2}$

9 $10.9 \times (7.2 - 5.8)$

10 $\dfrac{4.8 + 6.2}{5.2 \times 6.5}$

11 $\dfrac{7.1}{\sqrt{15.3 \times 0.6}}$

12 $\dfrac{3 - \sqrt{2.73} + 5.1}{4}$

YMARFER 20.2GC

Peidiwch â defnyddio cyfrifiannell i ateb cwestiynau **1** i **4**.

1 Mae'r cyfrifiadau hyn i gyd yn anghywir. Gallwch weld hynny yn fuan heb eu cyfrifo. Ar gyfer pob un, rhowch reswm pam mae'n anghywir.
  (a) $15.3 \div -5.1 = 5$
  (b) $8.7 \times 1.6 = 5.4375$
  (c) $4.7 \times 300 = 9400$
  (ch) $7.5^2 = 46.25$

2 Mae'r cyfrifiadau hyn i gyd yn anghywir. Gallwch weld hynny yn fuan heb eu cyfrifo. Ar gyfer pob un, rhowch reswm pam mae'n anghywir.
  (a) $5.400 \div 9 = 60$
  (b) $-6.2 \times -0.5 = -93.1$
  (c) $\sqrt{0.4} = 0.2$
  (ch) $8.5 \times 7.1 = 60.36$

3 Amcangyfrifwch yr ateb i bob un o'r cyfrifiadau hyn. Dangoswch eich gwaith cyfrifo.
  (a) 93×108 **(b)** 0.61^2
  (c) $-19.6 + 5.2$

4 Amcangyfrifwch yr ateb i bob un o'r cyfrifiadau hyn. Dangoswch eich gwaith cyfrifo.
  (a) Cost 3 DVD sy'n £17.99 yr un.
  (b) Cost 39 tocyn sinema sy'n £6.20 yr un.
  (c) Cost 5 pryd bwyd sy'n £7.99 yr un a 2 ddiod sy'n £2.10 yr un.

 Cewch ddefnyddio cyfrifiannell i ateb cwestiynau **5** i **9**.

5 Defnyddiwch weithrediadau gwrthdro i wirio'r cyfrifiadau hyn. Ysgrifennwch y gweithrediadau a ddefnyddiwch.
  (a) $19\,669.5 \div 235 = 83.7$
  (b) $\sqrt{5069.44} = 71.2$
  (c) $9.7 \times 12.4 = 120.28$
  (ch) $17.2 \times 4.6 + 68.2 = 147.32$

6 Cyfrifwch y rhain. Talgrynnwch eich atebion i 2 le degol.
  (a) $\dfrac{24.3 + 18.6}{2.8 \times 0.51}$
  (b) $(13.7 + 53.1) \times (9.87 - 5.9)$

7　Cyfrifwch y rhain. Talgrynnwch eich atebion i 3 lle degol.

　　(a)　$\dfrac{77.8}{6.4 + 83.9}$

　　(b)　$1.06^4 \times 185$

8　Cyfrifwch y rhain. Talgrynnwch eich atebion i 2 ffigur ystyrlon.

　　(a)　$\sqrt{2.5^2 + 9.0}$

　　(b)　640×0.078

9　(a)　Defnyddiwch dalgrynnu i 1 ffigur ystyrlon i amcangyfrif yr ateb i bob un o'r cyfrifiadau hyn. Dangoswch eich gwaith cyfrifo.

　　　　(i)　21.2^3

　　　　(ii)　189×0.31

　　　　(iii)　$\sqrt{11.1^2 - 4.8^2}$

　　　　(iv)　$\dfrac{51.8 + 39.2}{0.022}$

　　(b)　Defnyddiwch gyfrifiannell i ddarganfod yr ateb cywir i bob un o'r cyfrifiadau yn rhan (a). Lle bo'n briodol, talgrynnwch eich ateb i fanwl gywirdeb priodol.

YMARFER 20.3GC

1　Ysgrifennwch bob un o'r amserau hyn fel degolyn.
　　(a)　8 awr 39 munud
　　(b)　5 awr 21 munud
　　(c)　33 munud
　　(ch)　3 munud

2　Ysgrifennwch bob un o'r amserau hyn mewn oriau a munudau.
　　(a)　4.8 awr
　　(b)　5.65 awr
　　(c)　0.35 awr
　　(ch)　0.6 awr

3　(a)　Mae cerddwr yn cwblhau pellter o 7.2 milltir mewn 2 awr 24 munud.
　　　　Cyfrifwch fuanedd cyfartalog y cerddwr mewn milltiroedd yr awr.

　　(b)　Am un rhan 25 munud o'i daith mae trên cyflym yn teithio ar fuanedd cyfartalog o 126 milltir yr awr.
　　　　Beth yw pellter y rhan hon o'r daith? Rhowch eich ateb mewn milltiroedd.

　　(c)　Yn ystod un cymal o'i hedfaniad roedd roced yn teithio ar fuanedd cyson o 357 milltir yr awr am bellter o 23.8 milltir.
　　　　Faint o amser a gymerodd y roced i deithio'r pellter hwnnw?

4　Mewn ras hir i geir mae pedwar cymal ac mae gyrrwr yn cymryd yr amserau canlynol i gwblhau pob cymal.

　　　　5 awr 38 munud
　　　　6 awr 57 munud
　　　　5 awr 19 munud
　　　　5 awr 46 munud

　　Faint o amser a gymerodd y gyrrwr i gwblhau'r ras gyfan? Rhowch eich ateb mewn oriau a munudau.

5　Prynodd Wyn datws am £1.25 y cilogram a 6 oren am 37c yr un.
　　Rhoddodd £10 i'r siopwr a chafodd £4.68 yn newid.
　　Faint oedd pwysau'r tatws a brynodd Wyn?

6　Mae Ceridwen, Sali a Jâms yn rhannu elw eu busnes yn ôl y gymhareb 4 : 3 : 2.
　　Yn 2005, cyfanswm elw'r busnes oedd £94 500.
　　Cyfrifwch y swm a dderbyniodd Sali.

7　Dilynodd Medwyn rysáit i baratoi pwdin lemwn a oedd yn defnyddio 350 g o flawd ar gyfer 4 o bobl.
　　Gwnaeth ddigon o bwdin i fwydo 10 o bobl a defnyddiodd fag 1.5 kg newydd o flawd.
　　Faint o flawd oedd ganddo dros ben?

8　Poblogaeth tref Rhyddle yw 36 281 a'i harwynebedd yw 27.4 km².
　　Cyfrifwch ei dwysedd poblogaeth. Rhowch eich ateb i fanwl gywirdeb priodol.

9   Dangosodd bil ffôn symudol
    Mr Bowen ei fod wedi defnyddio
    53 munud o alwadau ar 13c y funud. Pris rhent
    misol ei ffôn oedd £15.30.
    Roedd TAW o 17.5% ar y bil cyfan.
    Cyfrifwch gyfanswm y bil, gan gynnwys TAW.

10 Ym mis Ionawr 2000, roedd y Mynegai
    Nwyddau Adwerthu (MPA) yn 166.6.
    Ym mis Ionawr 2001 roedd yn 171.1.
    Cyfrifwch y cynnydd canrannol yn yr MPA
    dros y flwyddyn dan sylw.

11 Ym mis Medi 2003, roedd y Mynegai Enillion
    Cyfartalog (MEC) yn 113.9.
    Yn ystod y flwyddyn ganlynol, cynyddodd 4.2%.
    Cyfrifwch yr MEC ym mis Medi 2004.

12 Radiws silindr metel yw 3.8 cm ac mae ei
    uchder yn 5.7 cm.
    Ei ddwysedd yw 12 g/cm^3.
    Cyfrifwch ei fàs.

13 Mae wrn dŵr ar ffurf ciwboid, ei waelod yn
    sgwâr ag ochr 30 cm.
    Faint o ddŵr sydd yn yr wrn pan fo wedi ei
    lenwi i ddyfnder o 42 cm?

14 Gyrrodd Dafydd am 28 milltir ar hyd traffordd
    ar 70 m.y.a., ac wedyn am
    10 milltir ar 50 m.y.a.
    (a) Cyfrifwch yr amser a gymerodd.
    (b) Darganfyddwch ei fuanedd cyfartalog ar
         gyfer y daith gyfan.

YMARFER 21.1GC

1 Darganfyddwch raddiant pob un o'r llinellau hyn.

(a)
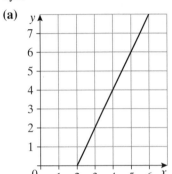

(b)
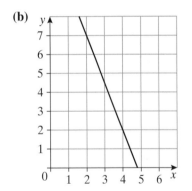

(c)
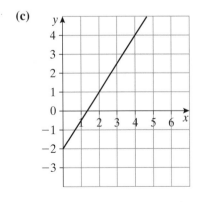

2 Darganfyddwch raddiant y llinell sy'n uno pob un o'r parau hyn o bwyntiau.
(a)   (1, 2) a (3, 8)
(b)   (5, 1) a (7, 3)
(c)   (0, 3) a (2, −3)
(ch) (−1, 4) a (3, 2)
(d)   (3, −1) a (−1, −1)

3 Darganfyddwch raddiant pob un o ochrau'r triongl ABC.

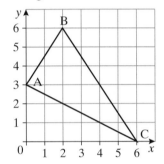

4 Darganfyddwch raddiant pob un o'r llinellau hyn.

(a)
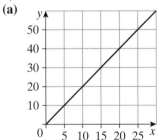

(b)
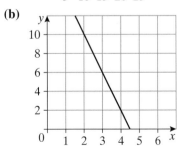

(c)

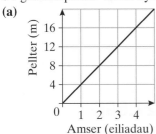

5 Lluniwch graff ar gyfer pob un o'r llinellau syth hyn a darganfyddwch ei graddiant.
(a) $y = 3x + 1$ (b) $y = x - 2$
(c) $y = -3x + 2$ (ch) $y = -2x - 1$
(d) $3x + 4y = 12$

6 Darganfyddwch y cyflymder ar gyfer pob un o'r graffiau pellter–amser hyn.
(a)

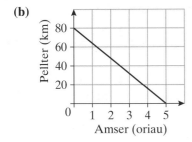

(b)

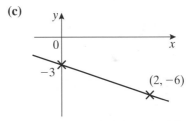

YMARFER 21.2GC

1 Ysgrifennwch hafaliadau llinellau syth sydd â'r graddiannau a'r rhyngdoriadau y hyn.
(a) Graddiant 2, rhyngdoriad y 6
(b) Graddiant -3, rhyngdoriad y 5
(c) Graddiant 1, rhyngdoriad y 0

2 Darganfyddwch hafaliad pob un o'r llinellau hyn.
(a)

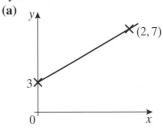

(b)

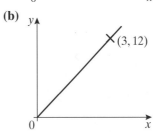

(c)

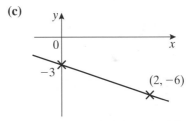

3 Darganfyddwch raddiant a rhyngdoriad y pob un o'r llinellau hyn.
(a) $y = 4x - 2$ (b) $y = 3x + 5$
(c) $y = -2x + 1$ (ch) $y = -x + 2$
(d) $y = -3.5x - 8$

4 Darganfyddwch raddiant a rhyngdoriad y pob un o'r llinellau hyn.
(a) $y + 3x = 7$ (b) $6x + 2y = 5$
(c) $2x + y = 3$ (ch) $5x - 2y = 8$
(d) $6x + 4y = 9$

5 Darganfyddwch hafaliad pob un o'r llinellau hyn.

(a)

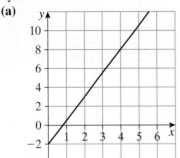

(b)

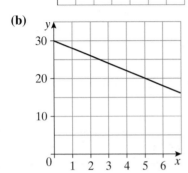

(c)

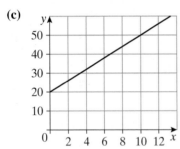

YMARFER 21.3GC

Defnyddiwch graff i ddatrys pob un o'r parau hyn o hafaliadau cydamserol.

1 $y = 3x$ ac $y = 4x - 2$.
Defnyddiwch werthoedd x o -1 i 4.

2 $y = 2x + 3$ ac $y = 4x + 1$.
Defnyddiwch werthoedd x o -2 i 3.

3 $y = x + 4$ a $4x + 3y = 12$.
Defnyddiwch werthoedd x o -3 i 3.

4 $y = 2x + 8$ ac $y = -2x$.
Defnyddiwch werthoedd x o -5 i 1.

5 $2y = 3x + 6$ a $3x + 2y = 12$.
Defnyddiwch werthoedd x o 0 i 4.

YMARFER 21.4GC

Defnyddiwch algebra i ddatrys pob un o'r parau hyn o hafaliadau cydamserol.

1 $x + y = 3$
$2x + y = 4$

2 $2x + y = 6$
$2x - y = 2$

3 $2x - y = 7$
$3x + y = 13$

4 $2x + y = 12$
$x - y = 3$

5 $2x + y = 7$
$3x - y = 8$

6 $x + y = 4$
$3x - y = 8$

7 $x + 3y = 9$
$2x - 3y = 0$

8 $3x + y = 14$
$3x + 2y = 22$

9 $4x - y = 4$
$4x + 3y = 20$

10 $x - 4y = 2$
$x + 3y = 9$

YMARFER 21.5GC

Defnyddiwch algebra i ddatrys pob un o'r parau hyn o hafaliadau cydamserol.

1 $x + 3y = 5$
$2x + y = 5$

2 $2x - 5y = 3$
$x + y = 5$

3 $3x - y = 3$
$2x + 3y = 13$

4 $4x - y = 2$
$5x + 3y = 11$

5 $3x - 2y = 8$
$2x - y = 5$

6 $2x + y = 5$
$7x + 2y = 13$

7 $x + 3y = 4$
$3x + 2y = -2$

8 $4x + 3y = 11$
$x + 2y = 4$

9 $x + 2y = 8$
$2x - 3y = 9$

10 $x + y = 2$
$x + 3y = 5$

YMARFER 22.1GC

1   Cyfrifwch werth pob un o'r eitemau hyn os bydd eu gwerth yn cynyddu yn ôl y ffracsiwn penodol bob blwyddyn am y nifer o flynyddoedd a nodir.
Rhowch eich atebion i'r geiniog agosaf.

	Gwerth gwreiddiol	Cynnydd ffracsiynol	Nifer y blynyddoedd
(a)	£5000	$\frac{1}{30}$	4
(b)	£300	$\frac{2}{7}$	3
(c)	£4500	$\frac{5}{9}$	6

2   Cyfrifwch werth pob un o'r eitemau hyn os bydd eu gwerth yn gostwng yn ôl y ffracsiwn penodol bob blwyddyn am y nifer o flynyddoedd a nodir.
Rhowch eich atebion i'r geiniog agosaf.

	Gwerth gwreiddiol	Cynnydd ffracsiynol	Nifer y blynyddoedd
(a)	£120	$\frac{1}{6}$	5
(b)	£5200	$\frac{3}{5}$	6
(c)	£140	$\frac{1}{2}$	4

3   Buddsoddodd Catrin £1870 mewn bond a oedd yn cynnig cynyddu'r swm $\frac{1}{12}$ y flwyddyn.
Beth oedd gwerth y bond ar ôl 4 blynedd?

4   Mae siop esgidiau Troedio yn cynnig gostwng pris pâr o esgidiau $\frac{1}{4}$ bob dydd nes iddynt gael eu gwerthu.
I ddechrau £47 oedd eu pris.
Beth oedd y pris ar ôl 4 gostyngiad?
Rhowch eich ateb i'r geiniog agosaf.

5   Amcangyfrifir y bydd y breindaliadau sy'n deillio o lyfr yn gostwng $\frac{2}{5}$ bob blwyddyn.
Yn 2004 derbyniodd Ceri £11 000 mewn breindaliadau. Os yw'r amcangyfrif yn gywir, faint y bydd hi'n ei dderbyn 5 mlynedd yn ddiweddarach?

YMARFER 22.2GC

1   Copïwch a chwblhewch y tabl hwn.

	Gwerth gwreiddiol	Cynnydd canrannol	Gwerth newydd
(a)	£750	8%	
(b)		15%	£414
(c)	£42.50	4.5%	
(ch)		5%	£254

2   Copïwch a chwblhewch y tabl hwn.

	Gwerth gwreiddiol	Gostyngiad canrannol	Gwerth newydd
(a)	£2000	12%	
(b)		5%	£240
(c)	£260	3.5%	
(ch)		12.5%	£325

3   Ar ôl cynnydd o 12%, 84 tunnell fetrig yw'r maint.
Beth oedd y maint cyn y cynnydd?

4   Cynyddodd papur newydd ei gylchrediad 3% a'r nifer newydd a werthwyd oedd 58 195.
Beth oedd y cylchrediad cyn y cynnydd?

5 Prynodd Steffan gar am £14 750.
Fe'i gwerthodd 3 blynedd yn ddiweddarach
gan wneud colled o 45%.
Am ba bris y gwerthodd y car?

6 Mae incwm elusen wedi gostwng 2.5%.
Ei hincwm nawr yw £8580.
Beth oedd ei hincwm cyn y gostyngiad?

7 Cyhoeddwyd bod nifer y bobl ddi-waith wedi
gostwng 3%.
Nifer y di-waith cyn y gostyngiad oedd
2.56 miliwn.
Faint sy'n ddi-waith nawr?

8 Pris car yw £12 925, gan gynnwys TAW ar
17.5%.
Beth yw'r pris heb TAW?

9 Yn sêl Paradwisg mae'r holl brisiau wedi
gostwng 7.5%, wedi ei dalgrynnu i'r geiniog
agosaf.
(a) Pris pâr o esgidiau cyn y sêl oedd £94.99.
Beth oedd y pris yn y sêl?
(b) Talodd Elen £13.87 am flows yn y sêl.
Beth oedd pris gwreiddiol y flows?

10 Mae pensiwn Ioan wedi cynyddu 4.75% ac
erbyn hyn mae'n £924.56 y mis.
Faint oedd ei bensiwn cyn y cynnydd?

11 Mae eglwys Sant Luc yn rhoi $\frac{1}{8}$ o'r casgliad
wythnosol i gymorth tramor.
Un wythnos roedd £151.20 yn weddill ar ôl
rhoi'r arian i ffwrdd.
Faint oedd cyfanswm y casgliad cyfan?

12 Mae gwneuthurwyr jam Ager yn dweud bod
jar o'r maint newydd yn cynnwys un pumed
yn fwy o jam na jar o'r hen faint.
Mae'r jar newydd yn cynnwys 570 g.
Faint roedd yr hen jar yn ei gynnwys?

YMARFER 23.1GC

1 Mae canolfan alwadau yn cofnodi'r galwadau y mae ei gweithredwyr yn eu gwneud. Mae'r tabl yn dangos hyd y galwadau a gafodd eu cofnodi un diwrnod.

Hyd (munudau)	Nifer y galwadau
0 i 1	230
1 i 2	420
2 i 3	480
3 a mwy	358

Mae 50 galwad yn cael eu dewis ar hap, er mwyn i reolwr y ganolfan eu hadolygu. Faint o alwadau ddylai gael eu dewis o bob haen er mwyn i'r sampl fod yn gynrychioliadol?

2 Mae hapsampl syml o 20 o'r cartrefi mewn stryd benodol mewn tref benodol i dderbyn arolwg ynghylch casglu eu sbwriel. Mae'r tai yn y stryd wedi eu rhifo o 1 i 60.

Defnyddiwch y tabl haprifau isod i ddewis y sampl. Dechreuwch yn y gornel uchaf ar y chwith a gweithiwch eich ffordd ar draws y rhes gyntaf a'r rhesi dilynol, gan archwilio parau o ddigidau yn y tabl. Ysgrifennwch y 20 pâr cyntaf sydd rhwng 01 a 60, gan anwybyddu parau sy'n cael eu hailadrodd a'r gwerthoedd sydd y tu allan i'r amrediad.

980677	461663	998081	821548	961256
402566	215166	163433	183641	331870
685871	249206	948448	929632	290060
783289	766103	012094	363987	522723

3 Mae hapsampl systematig o 20 o gartrefi yn yr un stryd ag yng nghwestiwn **2** i dderbyn arolwg ynghylch pa mor aml y byddant yn teithio mewn bws.

Gan fod 20 allan o 60 yr un fath ag 1 ym mhob 3, mae angen i ni ddewis ar hap werth cychwynnol rhwng 1 a 3. Gan ddechrau ar ddechrau rhes 2 yn y tabl haprifau uchod, edrychwch ar y digidau sengl er mwyn dod o hyd i'r gwerth cyntaf sydd rhwng 1 a 3. Defnyddiwch hwn fel man cychwyn eich sampl systematig.

Ysgrifennwch rifau'r 20 tŷ y mae'r dull hwn yn eu rhoi.

4 Mae myfyrwyr ysgol benodol i dderbyn arolwg ynghylch gwisg ysgol newydd. Bydd 100 o fyfyrwyr yn cael eu cyfweld. Mae'r tabl yn dangos nifer y myfyrwyr ym mhob grŵp blwyddyn.

Blwyddyn	7	8	9	10	11
Nifer y myfyrwyr	142	154	115	127	102

Faint o fyfyrwyr o bob grŵp blwyddyn ddylai gael eu dewis i roi sampl cynrychioliadol?

YMARFER 23.2GC

Ym mhob un o'r cwestiynau hyn, penderfynwch a yw'r dull samplu yn briodol ai peidio. Os nad yw'n briodol, nodwch pam.

1   Mae ymgeisydd mewn etholiad leol yn dymuno darganfod sut mae pobl yn debygol o bleidleisio. Mae'n penderfynu ffonio pob 50fed person yn y cyfeiriadur ffôn.

2   Er mwyn cael gwybodaeth am glefydau ymhlith yr henoed, mae pawb mewn cartref mawr i'r henoed yn cael archwiliad iechyd trylwyr.

3   Mae Swyddfa'r Post â diddordeb mewn gwybod barn pobl am newidiadau posibl i amserau dosbarthu llythyrau. Maent yn anfon llythyr i bob cartref yn gofyn am eu barn.

4   Mae gwneuthurwr ar fin cyflwyno creision â blas newydd. Maent yn stopio pobl yn y stryd ac yn cynnig iddynt rai o'r creision i'w blasu.

5   Er mwyn darganfod barn pobl am gynnydd mewn treth incwm, mae hapsampl o ddeg o bobl yn cael eu stopio a'u holi yn y stryd un bore.

YMARFER 24.1GC

1 Darganfyddwch hyd pob un o'r llinellau yn y diagram.
Lle nad yw'r ateb yn union gywir, rhowch eich ateb yn gywir i 2 le degol.

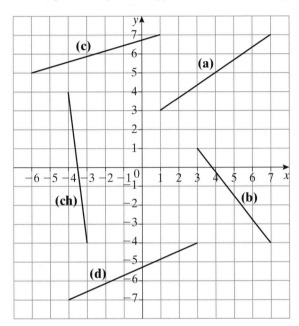

2 Darganfyddwch hyd y llinell sy'n uno pob un o'r parau hyn o bwyntiau.
Cewch luniadu diagram i'ch helpu.
Lle nad yw'r ateb yn union gywir, rhowch eich ateb yn gywir i 2 le degol.

(a) A(2, 7) a B (6, 4)   **(b)** C(5, 8) a D(7, 2)

(c) E(3, 8) ac F(7, −1)   **(ch)** G(6, 5) ac H(−6, 0)

(d) I(−3, 2) a J(−8, −5)   **(dd)** K(−7, 2) ac L(3, 6)

YMARFER 24.2GC

1   Yn y diagramau hyn darganfyddwch yr hydoedd a, b, c, d, e, f, g ac h.

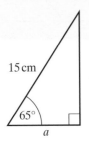
15 cm
65°
a

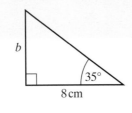
b
35°
8 cm

12.8 cm
c
23°

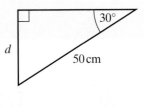
d
30°
50 cm

6.2 m
80°
e

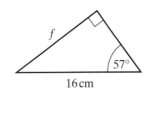
f
57°
16 cm

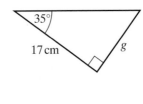
35°
17 cm
g

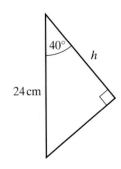
40°
h
24 cm

2   Mae'r diagram yn dangos yr ochrolwg ar fin sbwriel.
    (a) Darganfyddwch led, l cm, y bin.
    (b) Darganfyddwch uchder, u cm, y bin.

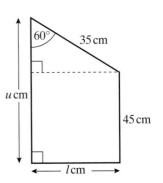
60°
35 cm
u cm
45 cm
l cm

3   **(a)** Darganfyddwch uchder, a cm, y triongl.
    (b) Darganfyddwch yr hyd, b cm.
    (c) Darganfyddwch yr hyd, c cm.
    (ch) Defnyddiwch eich atebion i rannau **(a)**, **(b)** ac **(c)**
        i ddarganfod arwynebedd y triongl.

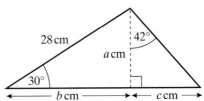
28 cm
42°
a cm
30°
b cm
c cm

YMARFER 24.3GC

1 Yn y diagramau hyn darganfyddwch yr hydoedd a, b, c, d, e, f, g ac h.

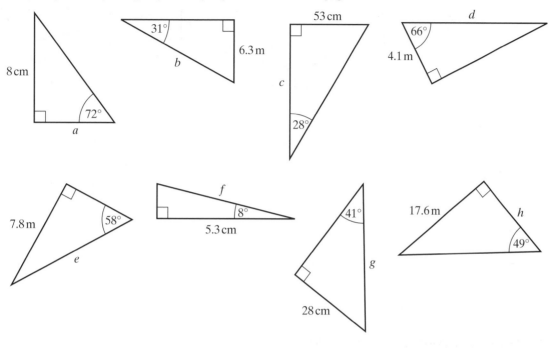

2 Mae'r diagram yn dangos ysgol.
Mae'r ddwy ran o'r ysgol yn cael eu hagor i 30°.
Y pellter rhwng gwaelod y ddwy ran yw 1.2 m.
Cyfrifwch hyd, h, y naill ran a'r llall o'r ysgol.

3 **(a)** Darganfyddwch sail, a cm, y triongl.
(b) Defnyddiwch eich ateb i ran **(a)** i ddarganfod arwynebedd y triongl.

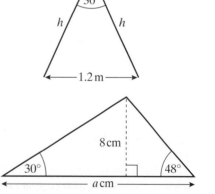

YMARFER 24.4GC

1 Yn y diagramau hyn darganfyddwch yr onglau *a*, *b*, *c*, *d*, *e*, *f*, *g* ac *h*.

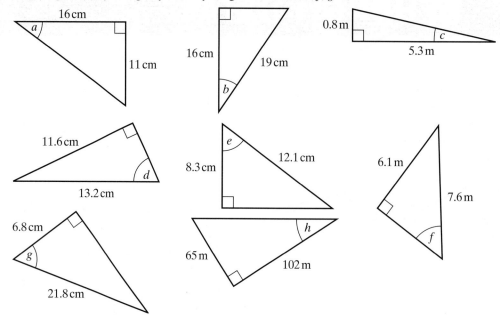

2 Yn y diagram, llinell syth yw ABC ac mae BDE
yn llinell syth sy'n berpendicwlar iddi.
Mae AD = 36 m, BC = 49 m, DÂB = 43°
ac EĈB = 54°.
Cyfrifwch hyd *DE*.

CBAC Hydref 2005

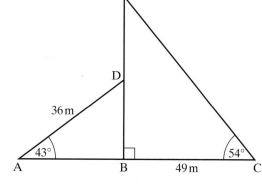

3 Mae ramp i gael ei wneud i wella'r mynediad i
adeilad. Uchder y stepen i mewn i'r adeilad yw
18 cm ac mae lle ar gyfer ramp sy'n 85 cm ar hyd
y llawr. Darganfyddwch yr ongl, a ddynodir gan
x, y bydd y ramp yn ei gwneud â'r llawr.

CBAC Hydref 2004

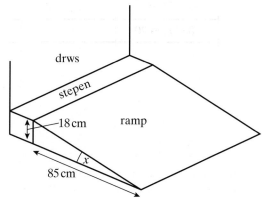

YMARFER 25.1GC

1 Mae'r graff amlder cronnus hwn yn dangos uchderau 80 o flodau haul.
Darganfyddwch ganolrif, chwartelau ac amrediad rhyngchwartel yr uchderau hyn.

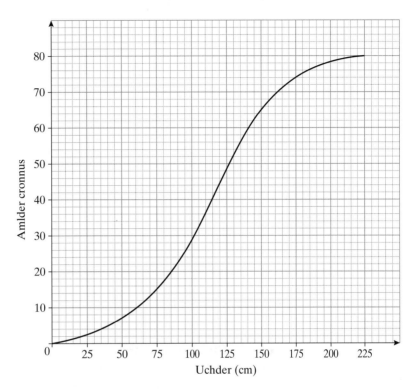

Amlder cronnus / Uchder (cm)

2 Mae'r tabl ar y chwith yn dangos gwybodaeth am fasau 140 o domatos.
   (a) Copïwch a chwblhewch y tabl amlder cronnus ar y dde.

Màs (*m* gram)	Amlder
$0 < m \leqslant 20$	4
$20 < m \leqslant 40$	14
$40 < m \leqslant 60$	25
$60 < m \leqslant 80$	47
$80 < m \leqslant 100$	36
$100 < m \leqslant 120$	14

Màs (*m* gram)	Amlder cronnus
$m \leqslant 0$	0
$m \leqslant 20$	4
$m \leqslant 40$	18
$m \leqslant 60$	
$m \leqslant 80$	
$m \leqslant 100$	
$m \leqslant 120$	

   (b) Lluniwch y graff amlder cronnus.
   (c) Defnyddiwch y graff i ddarganfod canolrif ac amrediad rhyngchwartel y masau hyn.

3 Mae'r tabl ar y chwith yn dangos oedrannau pobl mewn clwb iechyd.

Oedran (blynyddoedd)	Amlder
dan 11	32
11–18	25
19–29	53
30–49	83
50–69	45
70–95	21

Oedran (*b* o flynyddoedd)	Amlder cronnus
$b < 0$	0
$b < 11$	32
$b < 19$	57
$b < 30$	110
$b <$	
$b <$	
$b <$	

   (a) Copïwch a chwblhewch y tabl amlder cronnus ar y dde.
        Sylwch: ffin uchaf y grŵp oedran 11−18 yw'r pen blwydd yn 19 oed.
   (b) Lluniwch y graff amlder cronnus.
   (c) Faint o bobl yn y clwb hwn sydd dan 40 oed?
   (ch) Faint o bobl yn y clwb hwn sy'n 60 oed neu fwy?
   (d) Darganfyddwch y canolrif a'r chwartelau.

4 Mae'r graff amlder cronnus yn dangos hydoedd traed sampl o 50 o fechgyn a 50 o ferched.

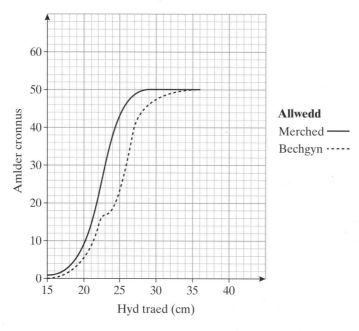

Allwedd
Merched ——
Bechgyn - - - - -

   (a) Beth mae'r rhan wastad yn rhan uchaf graff y merched yn ei ddangos i chi?
   (b) Cymharwch y dosraniadau. Gwnewch ddwy gymhariaeth.

5 Mae'r tabl hwn yn dangos y pellter a gerddwyd gan bob un o grŵp o fyfyrwyr un diwrnod.

Pellter (*m* milltiroedd)	Amlder
$0 < m \leq 2$	4
$2 < m \leq 4$	16
$4 < m \leq 6$	8
$6 < m \leq 8$	6
$8 < m \leq 10$	2

Lluniwch graff amlder cronnus a phlot bocs i gynrychioli'r dosraniad hwn.

6 Mae'r graff amlder cronnus yn dangos pellterau nofio plant mewn sesiwn nofio noddedig.

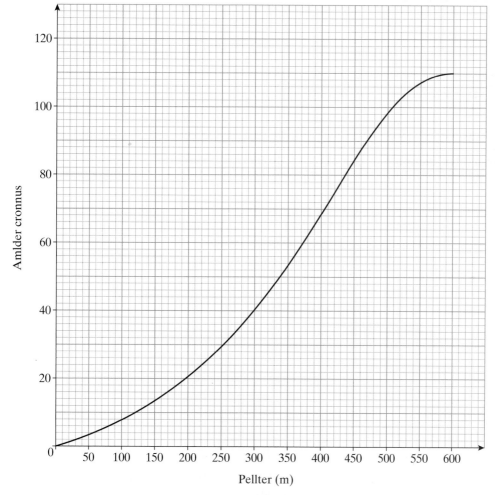

(a) Faint o blant gymerodd ran yn y sesiwn nofio?
(b) Faint o blant nofiodd yn fwy na 400 m?

7   Mae cwmni'n cynhyrchu dau fath o fatrïau ar gyfer tortshys. Mae'n profi sampl o 200 o'r naill fath a'r llall.

Mae'r tabl yn crynhoi'r canlyniadau, gan ddangos am faint o amser, mewn oriau, y gwnaeth pob batri bara.

(a) Ar yr un echelinau, lluniwch graffiau amlder cronnus i gynrychioli'r dosraniadau hyn.

(b) Pa un o'r ddau fath o fatrïau sydd fwyaf dibynadwy

Amser (a awr)	Amlder math A	Amlder math B
$0 < a \le 5$	4	12
$5 < a \le 10$	31	61
$10 < a \le 15$	45	71
$15 < a \le 20$	87	32
$20 < a \le 25$	27	16
$25 < a \le 30$	6	8

YMARFER 25.2GC

1   Mae'r tabl yn dangos y symiau a wariodd sampl o bobl yn yr uwchfarchnad.

Swm a wariwyd (£)	$0 < s \le 20$	$20 < s \le 40$	$40 < s \le 70$	$70 < s \le 100$	$100 < s \le 150$
Amlder	12	16	33	12	6

Lluniwch histogram i gynrychioli'r dosraniad hwn. Labelwch eich graddfa fertigol neu allwedd yn glir.

2   Mae'r dosraniad hwn yn dangos oedrannau'r bobl sy'n mynd i bwll nofio un diwrnod.

Oedran (blynyddoedd)	Dan 10	10–19	20–29	30–49	50–89
Amlder	96	58	36	58	144

(a) Eglurwch pam mai 50 oed yw ffin y grŵp 30–49.

(b) Cyfrifwch y dwyseddau amlder a lluniwch histogram i gynrychioli'r dosraniad hwn

3   Mae'r histogram yn cynrychioli dosraniad amserau aros ar gyfer llawdriniaeth nad yw'n llawdriniaeth frys mewn ysbyty penodol.

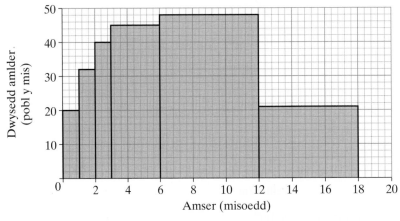

(a) Gwnewch dabl amlder ar gyfer y dosraniad hwn.

(b) Cyfrifwch amcangyfrif o'r amser aros cymedrig.

4 Mae'r histogramau yn cynrychioli'r amserau a dreuliodd sampl o ferched a bechgyn ar ddarn o waith cwrs.

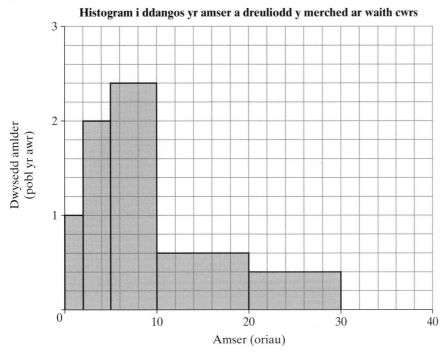

Histogram i ddangos yr amser a dreuliodd y merched ar waith cwrs

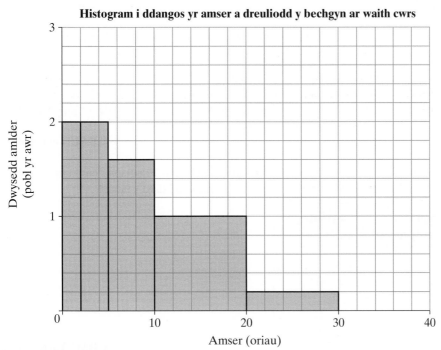

Histogram i ddangos yr amser a dreuliodd y bechgyn ar waith cwrs

(a) Darganfyddwch faint o ferched a faint o fechgyn a dreuliodd rhwng 5 a 10 awr ar y gwaith cwrs.

(b) Cymharwch y dosraniadau.

5 Cafodd aelodau o gampfa eu mesur. Mae'r histogram yn cynrychioli eu taldra.

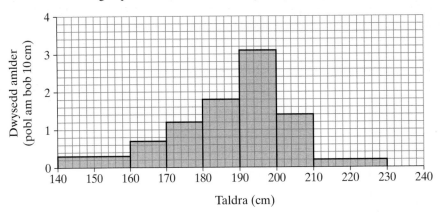

(a) Faint o aelodau'r gampfa a gafodd eu mesur?

(b) Cyfrifwch amcangyfrif o'u taldra cymedrig.

6 Cyfrifwch wyriad safonol y 10 rhif canlynol.

2.3, 4.5, 6.4, 2.7, 8.7, 3.4, 10.8, 2.6, 3.2, 7.4

CBAC Mehefin 2004

7 Cyfrifwch wyriad safonol y 10 rhif canlynol.

4.6, 6.2, 7.3, 8.1, 9.3, 12.7, 13.1, 14.2, 17.1, 18.2

CBAC Mehefin 2004

8 (a) Roedd y marciau prawf a sgoriwyd gan 10 disgybl mewn prawf Saesneg fel a ganlyn:

26 34 56 86 24 72 63 56 82 48

Cyfrifwch gymedr a gwyriad safonol y 10 marc prawf.

(b) Mae marciau'n cael eu hychwanegu ar gyfer sillafu, atalnodi a gramadeg. Yn yr achos hwn ychwanegwyd dau farc at farc prawf pob disgybl. Nodwch y cymedr newydd a'r gwyriad safonol newydd ar gyfer canlyniadau'r prawf. Rhowch reswm dros eich ateb.

CBAC Tachwedd 2003

9 Mae'r tabl isod yn dangos nifer y cynigion a gymerwyd gan bob un o 10 person i daro targed â phêl. Cyfrifwch gymedr a gwyriad safonol nifer y cynigion a gymerwyd i daro'r targed.

Nifer y cynigion a gymerwyd i daro'r targed	Amlder
6	1
7	3
8	5
9	1

CBAC Tachwedd 2004

10 Cynhelir etholiadau bob pum mlynedd er mwyn dewis aelodau pwyllgor clwb chwaraeon. Pan etholwyd y pwyllgor ar 10fed Ionawr 2003, roedd gan oedrannau (mewn blynyddoedd) ei aelodau gymedr 41 a gwyriad safonol 6.8.

(**a**) Beth oedd cymedr a gwyriad safonol oedrannau aelodau'r pwyllgor ar 10fed Ionawr 2005?

(**b**) Mae aelod hynaf y pwyllgor yn penderfynu gadael ac nid oes neb yn cael ei ddewis yn ei le. Disgrifiwch pa effaith mae hyn yn ei chael ar oed cymedrig y pwyllgor.

CBAC Mehefin 2005

YMARFER 26.1GC

1   Ysgrifennwch y rhain ar ffurf indecs.

(a) $\sqrt[5]{x}$

(b) Cilydd $x^{\frac{1}{2}}$

(c) $\sqrt[4]{x^3}$

2   Cyfrifwch y rhain. Rhowch eich atebion fel rhifau cyfan neu ffracsiynau.

(a) 25^{-1} (b) $25^{\frac{1}{2}}$ (c) 25^0

(ch) $25^{-\frac{1}{2}}$ (d) $25^{\frac{3}{2}}$ (dd) $27^{\frac{2}{3}}$

(e) $10\,000^{\frac{1}{4}}$ (f) $\left(\frac{1}{100}\right)^{-\frac{1}{2}}$ (ff) $32^{\frac{6}{5}}$

(g) $\left(\frac{1}{2}\right)^0$ (ng) $16^{\frac{1}{2}}$ (h) 16^0

(i) $16^{\frac{3}{2}}$ (l) $16^{-\frac{1}{4}}$ (ll) $16^{\frac{7}{4}}$

(m) $144^{\frac{1}{2}}$ (n) $\left(\frac{2}{5}\right)^{-2}$

3   Cyfrifwch y rhain. Rhowch eich atebion fel rhifau cyfan neu ffracsiynau.

(a) $1000^{\frac{2}{3}} \times 8^{\frac{2}{3}}$

(b) $100^{-\frac{1}{2}} \times 49^{\frac{3}{2}}$

(c) $4^{-2} \times 10^4 \times 25^{-\frac{1}{2}}$

(ch) $4^3 + 16^{\frac{1}{2}} - \left(\frac{1}{5}\right)^{-2}$

(d) $10\,000^{\frac{1}{4}} + 125^{\frac{1}{3}} - 121^{\frac{1}{2}}$

(dd) $\left(\frac{4}{5}\right)^2 \times 128^{-\frac{3}{7}}$

YMARFER 26.2GC

1   Cyfrifwch y rhain. Rhowch eich atebion yn union gywir neu i 5 ffigur ystyrlon.

(a) 5.3^4 (b) 0.72^5

(c) 1.03^7 (ch) 1.37^{-3}

(d) $28\,561^{\frac{1}{4}}$ (dd) $9.23^{\frac{1}{5}}$

(e) $\sqrt[4]{93}$ (f) $2187^{\frac{3}{7}}$

2   Cyfrifwch y rhain. Rhowch eich atebion yn union gywir neu i 5 ffigur ystyrlon.

(a) 300×1.05^{10} (b) $2.4^6 \times 1.2^5$

(c) $5.7^3 \div 2.6^{-3}$ (ch) $(4.7 \times 5.1^4)^{\frac{1}{5}}$

(d) $3.7^4 + 1.3^7$ (dd) $3.7^{\frac{1}{4}} - 12.8^{\frac{1}{6}}$

(e) $2.7^5 + 0.8^{-4}$ (f) $512^{\frac{4}{3}} \div 3125^{\frac{2}{5}}$

YMARFER 26.3GC

1   Ysgrifennwch y rhain mor syml â phosibl fel pwerau 2.

(a) 64 (b) $8^{\frac{2}{3}}$ (c) 0.25

(ch) $2 \times \sqrt[3]{64}$ (d) $4^{\frac{n}{2}}$ (dd) $2^{3n} \times 4^{\frac{n}{2}}$

2   Lle bo'n bosibl, ysgrifennwch y rhain mor syml â phosibl fel pwerau rhif cysefin.

(a) 343 (b) $9^{\frac{2}{3}}$

(c) $64^{-\frac{2}{3}}$ (ch) $16^{\frac{1}{2}} \times 64^{-\frac{2}{3}}$

(d) $2^6 + 2^3$ (dd) $27 \div 81^{\frac{3}{2}}$

(e) $9^{3n} \times 3^{-n}$

3   Ysgrifennwch bob un o'r rhain yn y ffurf $2^a \times 3^b$ neu $2^a \times 3^b \times 5^c$.

(a) 60 (b) 192

(c) 600 (ch) 648

4   Ysgrifennwch bob un o'r rhifau hyn fel lluoswm pwerau rhifau cysefin.

(a) 15^3 (b) $25^2 \times 10^{\frac{1}{2}}$

(c) 40^n (ch) $40^n \times 10$

YMARFER 26.4GC

1 Ysgrifennwch y rhifau hyn yn y ffurf safonol.
   (a) 60 000   **(b)** 8400
   (c) 863 000   **(ch)** 72 500 000
   (d) 9 020 000   **(dd)** 78
   (e) 5.2 miliwn

2 Ysgrifennwch y rhifau hyn yn y ffurf safonol.
   (a) 0.08   **(b)** 0.0096
   (c) 0.000 308   **(ch)** 0.000 063
   (d) 0.000 004 8   **(dd)** 0.000 000 023

3 Mae'r rhifau hyn yn y ffurf safonol.
   Ysgrifennwch nhw fel rhifau cyffredin.
   (a) 3×10^3 **(b)** 4.6×10^4
   (c) 2×10^{-5} **(ch)** 7.2×10^5
   (d) 1.9×10^{-4} **(dd)** 5.78×10^6
   (e) 2.87×10^8 **(f)** 5.13×10^{-6}
   (ff) 2.07×10^{-3} **(g)** 7.28×10^7

YMARFER 26.5GC

1 Cyfrifwch y rhain. Rhowch eich atebion yn y ffurf safonol.
   (a) $(6 \times 10^4) \times (3 \times 10^5)$
   (b) $(8 \times 10^6) \div (4 \times 10^3)$
   (c) $(9 \times 10^5) \times (4 \times 10^{-2})$
   (ch) $(3 \times 10^{-3}) \times (2 \times 10^{-4})$
   (d) $(2 \times 10^8) \div (5 \times 10^3)$
   (dd) $(7.6 \times 10^5) + (3.8 \times 10^4)$
   (e) $(5.6 \times 10^{-3}) - (4 \times 10^{-4})$

2 Cyfrifwch y rhain. Rhowch eich atebion yn y ffurf safonol.
   (a) $(4.4 \times 10^6) \times (2.7 \times 10^5)$
   (b) $(6.5 \times 10^6) \times (2.3 \times 10^2)$
   (c) $(7.1 \times 10^4) \times (8.3 \times 10^2)$
   (ch) $(2.82 \times 10^4) \div (1.2 \times 10^{-2})$
   (d) $(7.2 \times 10^3) \times (1.3 \times 10^5)$
   (dd) $(4.3 \times 10^3) + (6.72 \times 10^4)$
   (e) $(6.21 \times 10^5) - (3.75 \times 10^4)$

YMARFER 27.1GC

1 Mae dau betryal yn gyflun.
Cymhareb ochrau cyfatebol y ddau betryal
yw 2 : 5.
Lled y petryal lleiaf yw 9 cm a hyd y petryal
mwyaf yw 45 cm.
Darganfyddwch
(a) hyd y petryal lleiaf.
(b) lled y petryal mwyaf.

2 Ysgrifennwch y triongl sy'n gyflun â'r triongl
ABC.
Gwnewch yn siŵr eich bod yn rhoi'r
llythrennau yn y drefn gywir.

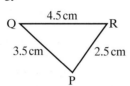

3 Ar gyfer y ddau driongl hyn, ysgrifennwch yr
ochrau cyfatebol.

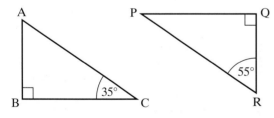

4 Mae'r trionglau ABC a QRP yn gyflun.

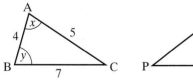

Cyfrifwch hydoedd PQ a QR.

5 Yn y triongl ABC, mae XY yn baralel i BC,
XA = 4 cm, YA = 5 cm, BX = 2 cm ac
XY = 2 cm.

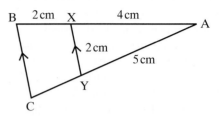

(a) Nodwch pa driongl sy'n gyflun â'r triongl
ABC.
(b) Cyfrifwch hydoedd BC ac CY.

6 Cyfrifwch yr hydoedd x ac y yn y diagram
hwn.

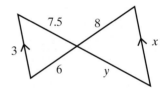

7 Mae'r trionglau ABC ac CBD yn gyflun.
Mae AC = 3 cm, BC = 6 cm a BD = 9 cm.

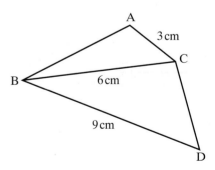

Cyfrifwch yr hydoedd hyn.
(a) AB
(b) CD

8 Dyma ddiagram o driongl gyda'r rhan uchaf wedi ei dileu.
Mae AB yn baralel i XY.

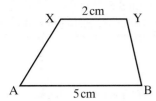

Mae AB = 5 cm ac XY = 2 cm.
Uchder y darn sydd wedi ei ddileu yw 3.5 cm.
Darganfyddwch uchder y triongl cyflawn.

YMARFER 27.2GC

1 Lluniadwch set o echelinau gyda'r echelin x o −8 i 16 a'r echelin y o −6 i 10.
Plotiwch y pwyntiau A(-2, -1), B(-2, -4) ac C(-7, -1) a'u cysylltu i ffurfio triongl.
Helaethwch y triongl â ffactor graddfa −2 gan ddefnyddio'r tarddbwynt fel canol yr helaethiad.

2 Lluniadwch set o echelinau gyda'r echelin x o −8 i 8 a'r echelin y o −8 i 8.
Plotiwch y pwyntiau A(6, 5), B(6, 8) ac C(8, 8) a'u huno i ffurfio triongl.
Helaethwch y triongl â ffactor graddfa −3 gan ddefnyddio (4, 4) fel canol yr helaethiad.

3 Mae'r diagram yn dangos pedrochr, ABCD, a'i ddelwedd A′B′C′D′.

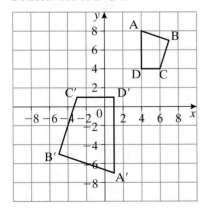

Copïwch y diagram a darganfyddwch
(a) canol yr helaethiad.
(b) y ffactor graddfa.

4 Lluniadwch set o echelinau gyda'r echelin x o −10 i 10 a'r echelin y o −8 i 8.
Plotiwch y pwyntiau A(-4, 3), B(-4, -3) ac C(-10, -5) a'u huno i ffurfio triongl.
Helaethwch y triongl â ffactor graddfa $-\frac{1}{2}$ gan ddefnyddio (2, 3) fel canol yr helaethiad.

5 Mae'r diagram yn dangos triongl, ABC, a'i ddelwedd A′B′C′.

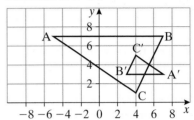

Copïwch y diagram a darganfyddwch
(a) canol yr helaethiad.
(b) y ffactor graddfa.

YMARFER 27.3GC

1 Hyd ymylon ciwb yw 4 cm. Hyd ymylon ciwb arall yw 12 cm.
(a) Ysgrifennwch y ffactor graddfa llinol ar gyfer yr helaethiad.
(b) Ysgrifennwch arwynebedd
    (i) un o wynebau'r ciwb bach.
    (ii) un o wynebau'r ciwb mawr.
(c) **(i)** Ysgrifennwch ffactor graddfa'r arwynebedd.
    (ii) Beth sy'n tynnu eich sylw?
(ch) Ysgrifennwch gyfaint
    (i) y ciwb bach.
    (ii) y ciwb mawr.
(d) **(i)** Ysgrifennwch ffactor graddfa'r cyfaint.
    (ii) Beth sy'n tynnu eich sylw?

2 Mae'r trionglau ABC a PQR yn gyflun.

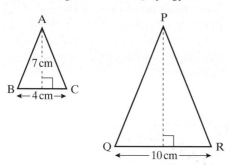

(a) Beth yw ffactor graddfa llinol yr helaethiad?
(b) Darganfyddwch uchder y triongl PQR.
(c) Cyfrifwch arwynebedd y triongl ABC.
(ch) Cyfrifwch arwynebedd y triongl PQR.
(d) Ysgrifennwch gymhareb yr arwynebeddau.

3 Nodwch ffactor graddfa'r arwynebedd a ffactor graddfa'r cyfaint ar gyfer pob un o'r ffactorau graddfa llinol hyn.
(a) 3   (b) 4   (c) 8
(ch) $\frac{1}{2}$ (d) $\frac{5}{3}$

4 Nodwch y ffactor graddfa llinol ar gyfer pob un o'r ffactorau graddfa arwynebedd hyn.
(a) 49   (b) 81   (c) 100
(ch) 2500   (d) $\frac{9}{25}$

5 Mae model cwch yn cael ei adeiladu yn ôl y raddfa 1 : 50.
Ei hyd yw 30 cm.
(a) Beth yw hyd y cwch go iawn?
(b) Mae gan y cwch go iawn fast sydd â'i uchder yn 8 m.
Pa mor uchel yw'r mast ar y model?

6 Lled bwrdd yw 0.6 m ac arwynebedd y top yw 0.56 m².
Mae top bwrdd arall â siâp cyflun. Ei led yw 0.9 m.
Beth yw arwynebedd top y bwrdd hwn?

7 Mae potel fach yn dal 150 ml o hylif.
Mae potel gyflun ddwywaith cymaint o ran uchder.
Faint o hylif y mae hon yn ei ddal?

8 Mae Siwan yn trefnu gwneud poster o ffotograff y mae hi wedi ei dynnu.
Mae'r poster yn helaethiad o'r ffotograff gyda ffactor graddfa llinol 8.
Dimensiynau'r ffotograff yw 5 cm wrth 7 cm.
Beth yw arwynebedd y poster?

9 Uchder ffiol yw 12 cm.
Uchder ffiol arall cyflun yw 18 cm.
Cynhwysedd y ffiol fwyaf yw 54 cm³.
Beth yw cynhwysedd y fiol leiaf?

10 Mae dau giwboid yn gyflun.
Hyd ymylon y ciwboid lleiaf yw 4 cm, 5 cm ac 8 cm.
Cyfaint y ciwboid mwyaf yw 20 000 cm³.
Beth yw hyd ymyl fyrraf y ciwboid mwyaf?

11 (a) Eglurwch pam **nad** yw'r trionglau canlynol yn gyflun.

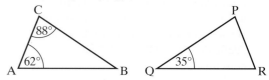

(b) Mae'r trionglau DEF ac XYZ yn gyflun.
Mae eu hochrau cyfatebol yn y gymhareb 4 : 3. Cyfrifwch hyd YZ.

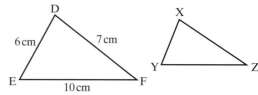

12 (a) Eglurwch pam mae'r trionglau canlynol yn gyflun.

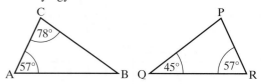

(b) Eglurwch pam **nad** yw'r trionglau canlynol yn gyflun.

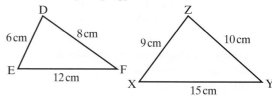

YMARFER 28.1GC

Symleiddiwch bob un o'r ffracsiynau algebraidd hyn.

1   $\dfrac{7x - 14}{4x + 8}$

2   $\dfrac{3x - 6}{9 - 12x}$

3   $\dfrac{12 + 8x}{6x - 4}$

4   $\dfrac{18 - 6x}{12 + 9x}$

5   $\dfrac{4x^2 + 2x}{2x^2 - 6x}$

6   $\dfrac{3x^2 - 4x}{5x^2 - 6x}$

7   $\dfrac{8 - 6x}{4x^2 + 6x}$

8   $\dfrac{3x^2 + 6x}{9x - 12x^2}$

YMARFER 28.2GC

Ffactoriwch bob un o'r mynegiadau hyn.

1   $x^2 + 7x + 6$
2   $x^2 + 8x + 15$
3   $x^2 + 9x + 18$
4   $x^2 + 14x + 13$
5   $x^2 + 10x + 25$
6   $x^2 + 11x + 24$
7   $x^2 + 13x + 40$
8   $x^2 + 19x + 48$

YMARFER 28.3GC

Ffactoriwch bob un o'r mynegiadau hyn.

1   $x^2 - 1$
2   $x^2 - 36$
3   $x^2 - 121$
4   $x^2 - 196$
5   $2x^2 - 32$
6   $4x^2 - 100$
7   $6x^2 - 54$
8   $9x^2 - 576$

YMARFER 28.4GC

Symleiddiwch bob un o'r mynegiadau hyn.

1   $\dfrac{8a^3b^5}{9c^4} \times \dfrac{15c^2}{4a^5b^3}$

2   $\dfrac{15x^3y^2}{16z} \times \dfrac{12z^3}{25x^4y^5}$

3   $\dfrac{4p^5}{3r^6s^7} \times \dfrac{15r^6s^4}{8p^2}$

4   $\dfrac{7h^4j^2}{6k} \div \dfrac{14h^7j^5}{15k^3}$

5   $\dfrac{20t^6}{9v^5w^2} \div \dfrac{15t^2}{6v^3w^4}$

6   $\dfrac{18a^8b^2}{25c^5} \div \dfrac{27a^5b^4}{20c^9}$

7   $\dfrac{15a^4b^5}{8c^4d^3} \times \dfrac{24b^5c^4}{35a^2d^3} \times \dfrac{7c^3d^2}{6ab^6}$

8   $\dfrac{9w^6x^5}{10yz^2} \div \dfrac{3w^3y^4}{4x^4z^3} \times \dfrac{5w^2z}{6x^5y^6}$

YMARFER 28.5GC

Ffactoriwch bob un o'r mynegiadau hyn.

1 $3x^2 + 17x + 10$

2 $2x^2 + 7x + 3$

3 $2x^2 + x - 21$

4 $5x^2 - 19x - 4$

5 $2x^2 + x - 15$

6 $3x^2 + 11x - 20$

7 $2x^2 - 11x + 12$

8 $5x^2 - 19x + 12$

9 $6x^2 + 17x + 5$

10 $10x^2 - 21x - 10$

11 $12x^2 - 17x + 6$

12 $21x^2 + 19x - 12$

YMARFER 28.6GC

Symleiddiwch bob un o'r ffracsiynau algebraidd hyn.

1 $\dfrac{x + 4}{x^2 + 2x - 8}$

2 $\dfrac{x^2 - 2x - 15}{x - 5}$

3 $\dfrac{x^2 - 7x + 12}{x^2 - x - 12}$

4 $\dfrac{x^2 - 2x - 8}{x^2 - 6x + 8}$

5 $\dfrac{3x^2 + 7x + 2}{x^2 - 7x + 6}$

6 $\dfrac{6x^2 + 8x - 8}{3x^2 + 7x - 6}$

7 $\dfrac{x^2 + x - 2}{x^2 - 1}$

8 $\dfrac{x^2 + x - 12}{x^2 - 16}$

9 $\dfrac{4x + 8}{x^2 + 6x + 8}$

10 $\dfrac{10x + 15}{4x^2 + 6x}$

11 $\dfrac{x^2 + 2x - 8}{x^2 - 5x + 6}$

12 $\dfrac{x^2 - 2x - 8}{x^2 - 16}$

13 $\dfrac{12x^2 + 15x}{4x^2 - 7x - 15}$

14 $\dfrac{3x^2 + 14x + 8}{6x^2 - 5x - 6}$

15 $\dfrac{3(x - 4)^2}{4x^2 - 64}$

16 $\dfrac{3x(x + 4)^2}{x^2 + x - 12}$

YMARFER 28.7GC

Symleiddiwch bob un o'r mynegiadau hyn.

1 $5x^{\frac{5}{2}} \times 2x^{\frac{7}{2}}$

2 $\dfrac{30x^{\frac{13}{2}}}{6x^{\frac{3}{2}}}$

3 $\dfrac{25x^{\frac{15}{2}}}{5x^{-\frac{3}{2}}}$

YMARFER 29.1GC

Defnyddiwch gyfrifiannell i gyfrifo'r rhain.
Rhowch eich atebion i gyd i 3 ffigur ystyrlon.

1 (a) $\dfrac{1}{1.7} + \dfrac{1}{1.653}$

  (b) $\dfrac{1}{0.9} \times \dfrac{1}{8.24}$

  (c) $\dfrac{8.06}{5.91} - \dfrac{1.594}{1.62}$

2 (a) 0.741^3 (b) 2.28^{-5} (c) $(9.2 + 15.3)^2$

3 (a) $\sqrt[4]{12.2}$
  (b) $\sqrt[3]{0.8145 - 0.757}$
  (c) $\sqrt[5]{8.6^2 + 9.71^3}$

4 (a) $\sin 14.6°$
  (b) $\tan 71.3°$
  (c) $\sin 247° - \cos(-31)°$

5 (a) $\cos^{-1} 0.141$
  (b) $\sin^{-1} 0.464$
  (c) $\tan^{-1} \dfrac{1}{\sqrt{2}}$

6 (a) $(1.2 \times 10^4) \times (5.3 \times 10^6)$
  (b) $\dfrac{4.06 \times 10^{-2}}{7 \times 10^{-4}}$
  (c) $(5.9 \times 10^{-3}) \times (2.4 \times 10^{20})$

7 (a) $\dfrac{9.71 \times 0.008\,476\,5}{5.9^2}$
  (b) $\dfrac{81.7 + 1.52}{62.8}$
  (c) $\dfrac{9.61}{17.37 \times 224}$

8 (a) $\dfrac{101}{27.4 + 296}$
  (b) $\dfrac{3.14 \times 0.782}{22.4 - 15.5}$
  (c) $\dfrac{18.21 - 5.63}{23.48 + 19.76}$

9 (a) $3 \cos 12° - 5 \sin 12°$
  (b) $\dfrac{3.4 \times \sin 47.1°}{\sin 19.2°}$
  (c) $2.7^2 + 3.6^2 - 2 \times 2.7 \times 3.6 \cos 25°$

10 (a) $(3.6 \times 10^{-8})^2$
   (b) $\sqrt{4.84 \times 10^6}$
   (c) $\dfrac{(4.06 \times 10^6) + (1.15 \times 10^7)}{5.83 \times 10^{-6}}$

YMARFER 29.2GC

1 Mae £30 000 yn cael ei fuddsoddi ar adlog o 18%.
  (a) Ysgrifennwch fformiwla ar gyfer gwerth y buddsoddiad, g, ar ôl t o flynyddoedd.
  (b) Cyfrifwch werth y buddsoddiad ar ôl
    (i) 5 mlynedd. (ii) 12 blynedd.

2 Mae gwerth arian cyfred, y sgler, yn gostwng 6% bob mis.
  Mae gennyf 250 000 o sgleriau.
  (a) Ysgrifennwch fformiwla ar gyfer gwerth yr arian cyfred, g, ar ôl t o fisoedd.
  (b) Cyfrifwch werth 250 000 o sgleriau ar ôl
    (i) 4 mis.   (ii) 9 mis.
  (c) Defnyddiwch gynnig a gwella i gyfrifo faint o fisoedd y bydd hi cyn i werth 250 000 o sgleriau fod yr un fath â gwerth 100 000 o sgleriau ar y cychwyn.

3 Mae poblogaeth rhywogaeth brin o anifail yn dirywio'n esbonyddol gan ddilyn y fformiwla

$$N = 60\ 000 \times 2^{-t}$$

Yma N yw nifer yr anifeiliaid hyn sy'n bresennol a t yw'r amser mewn blynyddoedd.

    (a) Faint o'r anifeiliaid hyn oedd yno pan ddechreuodd yr arolwg?

    (b) Faint o'r anifeiliaid hyn oedd yno ar ôl
        (i) 3 blynedd? **(ii)** 10 mlynedd?

    (c) Ar ôl faint o flynyddoedd na fydd y rhywogaeth hon o anifail yn bodoli bellach; hynny yw, ar ôl faint o flynyddoedd y bydd y nifer yn llai na 2?

4 Mae cyflogwr Lowri yn dweud wrthi y bydd ei chyflog wythnosol yn cynyddu ar ganran penodol bob blwyddyn.
Maent yn dweud wrthi mai'r fformiwla y byddant yn ei defnyddio yw

$$A = 500 \times 1.04^{n}.$$

    (a) Faint yw cyflog wythnosol Lowri ar hyn o bryd?

    (b) Beth yw cyfradd y cynnydd?

    (c) Beth mae'r llythyren n yn ei gynrychioli yn y fformiwla?

    (ch) Faint fydd ei chyflog ar ôl
        (i) 4 blynedd? **(ii)** 10 mlynedd?

5 Mae poblogaeth gwlad yn cynyddu ar gyfradd o 3% y flwyddyn.
Yn 2005 roedd y boblogaeth yn 38 miliwn.

    (a) Ysgrifennwch fformiwla ar gyfer maint y boblogaeth, P, ar ôl t o flynyddoedd.

    (b) Beth fydd y boblogaeth yn
        (i) 2010?   **(ii)** 2100?

    (c) Faint o amser y bydd hi'n ei gymryd i'r boblogaeth ddyblu o'i maint yn 2005?

6 Màs sampl o elfen ymbelydrol yw 1 kg.
Mae ei màs yn gostwng 10% bob blwyddyn.

    (a) Ysgrifennwch fformiwla ar gyfer màs, m, yr elfen ar ôl t o flynyddoedd.

    (b) Cyfrifwch y màs ar ôl
        (i) 4 blynedd. **(ii)** 8 mlynedd.

    (c) Defnyddiwch gynnig a gwella i ddarganfod faint o amser y mae'n ei gymryd i'r màs haneru.

7 **(a)** Lluniwch graff $y = 3^{x}$ ar gyfer gwerthoedd x o 0 i 3.

    (b) Defnyddiwch eich graff i ddarganfod
        (i) gwerth y pan fo $x = 1.5$
        (ii) y datrysiad i'r hafaliad $3^{x} = 15$.

8 **(a)** Lluniwch graff $y = 2^{-x}$ ar gyfer gwerthoedd x o -4 i 0.

    (b) Defnyddiwch eich graff i ddarganfod
        (i) gwerth y pan fo $x = -2.5$.
        (ii) y datrysiad i'r hafaliad $2^{-x} = 10$.

YMARFER 29.3GC

1 Darganfyddwch ffiniau uchaf ac isaf pob un o'r mesuriadau hyn.

    (a) Uchder tŷ yw 8.5 m, i'r 0.1 m agosaf.

    (b) Pwysau plentyn yw 57 kg i'r cilogram agosaf.

    (c) Lled drws yw 0.75 m i'r centimetr agosaf.

    (ch) Yr amser buddugol ar gyfer y ras 100 m oedd 12.95 eiliad i'r ganfed ran agosaf o eiliad.

    (d) Cyfaint y llaeth mewn potel yw 500 ml i'r mililitr agosaf.

2 Mesurwyd gardd yn 43 m i'r metr agosaf. Ysgrifennwch hyd posibl yr ardd fel anhafaledd.

3 Lled uned gegin yw 60 cm i'r centimetr agosaf.

    (a) Ydy hi'n bosibl i'r uned ffitio i fwlch sydd â'i led yn 60 cm, i'r centimetr agosaf? Dangoswch sut y byddwch yn penderfynu.

    (b) Ydy hi'n sicr y bydd yr uned yn ffitio i'r bwlch? Dangoswch sut y byddwch yn penderfynu.

4 Darganfyddwch ffiniau uchaf ac isaf pob un o'r mesuriadau hyn.

    (a) Cyfanswm pwysau 10 llyfr, gyda phob llyfr yn pwyso 1.5 kg i'r 0.1 kg agosaf.

    (b) Cyfanswm hyd 20 o glipiau papur, gyda phob clip yn mesur 3 cm i'r centimetr agosaf.

    (c) Yr amser cyfan i wneud 100 o frechdanau pan fydd pob brechdan yn cymryd 40 eiliad i'w gwneud i'r eiliad agosaf.

YMARFER 29.4GC

1 Hydoedd ochrau petryal yw 8 cm a 10 cm.
Mae'r mesuriadau'n gywir i'r centimetr agosaf.
Cyfrifwch ffiniau uchaf ac isaf perimedr y petryal.

2 Cyfrifwch arwynebeddau mwyaf posibl a lleiaf posibl triongl sydd â'i sail yn 7 cm a'i uchder yn 5 cm, lle mae'r ddau hyd yn gywir i'r centimetr agosaf.

3 Mae siwgr sy'n pwyso 0.1 kg yn cael ei dynnu o fag sy'n pwyso 2 kg.
Mae pwysau'r ddau yn gywir i'r 0.1 kg agosaf.
Beth yw pwysau mwyaf posibl a lleiaf posibl y siwgr sy'n weddill?

4 Mae dau o gamau ras gyfnewid yn cael eu rhedeg yn yr amserau 14.07 eiliad ac 15.12 eiliad, i'r 0.01 eiliad agosaf.
Cyfrifwch ffin uchaf
  (a) cyfanswm amser y ddau gam.
  (b) y gwahaniaeth rhwng yr amserau ar gyfer y ddau gam.

5 O wybod bod $p = 5.1$ a $q = 8.6$, yn gywir i 1 lle degol, cyfrifwch werthoedd mwyaf posibl a lleiaf posibl
  (a) $p \times q$ **(b)** $q \div p$.

6 Mae trên yn teithio 150 o filltiroedd mewn 1.8 awr.
Mae'r pellter yn gywir i'r filltir agosaf ac mae'r amser yn gywir i'r 0.1 awr agosaf.
Cyfrifwch ffiniau uchaf ac isaf buanedd y trên.

7 Mae dwysedd gwrthrych yn 5.7 g/cm³ i'r 0.1 g/cm³ agosaf.
Ei gyfaint yw 72.5 cm³ i 3 ffigur ystyrlon.
Darganfyddwch ffiniau uchaf ac isaf màs y gwrthrych.

8 Mae Siôn yn ceisio cyfrifo gwerth ar gyfer π.
Mae'n mesur cylchedd cylch yn 32 cm a'r diamedr yn 10 cm, y ddau yn gywir i'r centimetr agosaf.
Cyfrifwch ffiniau uchaf ac isaf gwerth Siôn ar gyfer π.

9 Defnyddiwch y fformiwla $a = \dfrac{v^2}{2s}$ i gyfrifo ffiniau uchaf ac isaf a pan fo $v = 2.1$ ac $s = 5.7$ a bod y ddau werth yn gywir i 1 lle degol.

10 Cyfrifwch ffiniau uchaf ac isaf y cyfrifiad canlynol.
$$\frac{9.4 - 5.2}{3.8}$$
Mae pob gwerth yn y cyfrifiad yn gywir i 2 ffigur ystyrlon.

11 Màs blociau concrit yw 15 kg wedi'i fesur i'r kg agosaf.
  (a) Ysgrifennwch werthoedd lleiaf posibl a mwyaf posibl màs bloc concrit.
  (b) **(i)** Darganfyddwch werthoedd lleiaf posibl a mwyaf posibl màs 100 o flociau concrit.
    (ii) Mae Dylan yn dymuno bod yn sicr na fydd yn rhoi mwy na 1500 kg o flociau ar ei lori. Darganfyddwch y nifer mwyaf o flociau y dylai Dylan eu rhoi ar ei lori er mwyn bod yn sicr na fydd mwy na 1500 kg yn cael ei lwytho.

CBAC Hydref 2005

12 Cyfaint jwg yw 500 cm³, wedi'i fesur i'r 10 cm³ agosaf.
  (a) Ysgrifennwch werth lleiaf posibl a gwerth mwyaf posibl cyfaint y jwg.
  (b) Mae dŵr yn cael ei arllwys o'r jwg i mewn i danc â chyfaint 15·5 litr, wedi'i fesur i'r 0·1 litr agosaf.
    Gan ddangos eich holl waith cyfrifo, eglurwch pam ei bod bob amser yn bosibl arllwys y dŵr o 30 jwg lawn i mewn i'r tanc heb iddo orlifo.

CBAC Haf 2005

YMARFER 30.1GC

Datryswch bob un o'r hafaliadau hyn.

1 $5(2x - 3) = 4x + 3$

2 $3(2x - 1) = 5(2x - 3)$

3 $2(4x - 1) = 6x + 3$

4 $\dfrac{x}{2} = 3x - 15$ **5** $\dfrac{x}{3} = 2x - 5$

6 $\dfrac{3x}{2} = 4 + x$ **7** $\dfrac{5x}{2} = 4x - 3$

8 $\dfrac{2x}{3} = x - \dfrac{1}{2}$ **9** $\dfrac{x}{2} = \dfrac{3x}{4} + \dfrac{1}{2}$

10 $\dfrac{x}{3} = \dfrac{3x}{4} - \dfrac{1}{12}$ **11** $\dfrac{3x}{2} = \dfrac{3x - 2}{5} + \dfrac{11}{5}$

12 $\dfrac{2x - 1}{6} = \dfrac{x - 3}{6} + \dfrac{1}{2}$

13 $\dfrac{x - 2}{3} - \dfrac{2x - 1}{2} = \dfrac{7}{6}$

14 $\dfrac{3x - 2}{2} + \dfrac{2x + 1}{6} + \dfrac{2}{9} = 0$

15 $\dfrac{4x - 3}{2} = \dfrac{x - 3}{3} + \dfrac{7}{6}$

YMARFER 30.2GC

Datryswch bob un o'r hafaliadau hyn.
Lle nad yw'r ateb yn union, rhowch eich ateb yn gywir i 3 ffigur ystyrlon.

1 $\dfrac{20}{x} = 40$ **2** $\dfrac{48}{x} = 12$ **3** $\dfrac{15}{2x} = 3$

4 $\dfrac{5}{3x} = \dfrac{1}{6}$ **5** $\dfrac{2}{3x} = \dfrac{4}{3}$ **6** $1.4x = 7.6$

7 $3.7x = 40$ **8** $\dfrac{x}{2.3} = 5.6$

9 $7.3(1.2x - 4.7) = 9.6$

10 $\dfrac{1.6}{x} = 2.7$

YMARFER 30.3GC

Datryswch bob un o'r anhafaleddau hyn.

1 $5(x - 2) > 11 - 2x$

2 $4(3x - 4) \geqslant 3(2x - 1) + 2$

3 $\dfrac{5x}{2} < x + 6$ **4** $\dfrac{2x}{3} + 5 < 4x$

5 $\dfrac{x}{2} > \dfrac{3x}{4} + 2$ **6** $\dfrac{x}{5} \leqslant \dfrac{x}{4} - 2$

7 $3.5x < 4 + x$ **8** $14.6x \geqslant 7.1x + 4.9$

YMARFER 30.4GC

1 Lluniadwch bâr o echelinau a'u labelu o 0 i 6 ar gyfer x ac y.
Dangoswch, trwy liwio, y rhanbarth lle mae $x > 0$, $y > 0$ a $2x + 3y < 12$.

2 Lluniadwch bâr o echelinau a'u labelu o -2 i 2 ar gyfer x ac o -4 i 8 ar gyfer y.
Dangoswch, trwy liwio, y rhanbarth lle mae $x < 2$, $y > -2$ ac $y < 3x + 2$.

3 Lluniadwch bâr o echelinau a'u labelu o 0 i 3 ar gyfer x ac o 0 i 9 ar gyfer y.
Dangoswch, trwy liwio, y rhanbarth lle mae $y < 6$, $y < 3x$ ac $y > 2x$.

4 Lluniadwch bâr o echelinau a'u labelu o 0 i 8 ar gyfer x ac y.
Dangoswch, trwy liwio, y rhanbarth lle mae $y > 0$, $y < x$ a $3x + 4y < 24$.

5 Lluniadwch bâr o echelinau a'u labelu o 0 i 8 ar gyfer x ac y.
Dangoswch, trwy liwio, y rhanbarth lle mae $y > 0$, $8x + 3y < 24$ a $5x + 6y > 30$.

YMARFER 31.1GC

1 Cyfrifwch hyd croeslin ciwboid sy'n mesur 6 cm wrth 10 cm wrth 5 cm.

2 Hyd croeslin ciwb yw 6.8 cm.
Darganfyddwch hyd un o ochrau'r ciwb hwn.

3 Yn y ciwboid hwn, mae AB = 10 cm, BC = 6 cm ac CG = 8 cm.

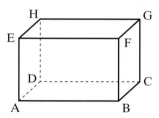

Cyfrifwch
(a) ongl GDC.
(b) hyd EG.
(c) hyd HB.
(ch) ongl BHD.

4 Uchder pyramid yw 8 cm, a hyd pob un o ochrau ei sylfaen sgwâr yw 6 cm.
Mae hyd pob un o'i ymylon goleddol yn hafal.
Cyfrifwch hyd un o'r ymylon goleddol.

5 Hyd pob un o ymylon goleddol pyramid sylfaen sgwâr yw 12 cm.
Hyd pob un o ochrau ei sylfaen yw 10 cm.
Cyfrifwch uchder y pyramid.

6 Lletem drionglog yw ABCDEF.
Mae'r wynebau ABFE, BCDF ac ACDE yn betryalau.

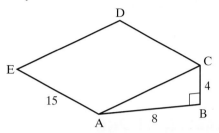

(a) Cyfrifwch hyd AD.
(b) Cyfrifwch DÂC.

7 Mae A 30 m i'r de o dŵr eglwys.
Ongl godiad rhan uchaf y tŵr o A yw 51°.
(a) Cyfrifwch uchder y tŵr.
O B, sydd i'r gorllewin o'r tŵr, ongl godiad rhan uchaf y tŵr yw 35°.
(b) Cyfrifwch pa mor bell y mae B o'r tŵr.
(c) Cyfrifwch y pellter AB, a thybio bod A a B ar yr un lefel â sylfaen y tŵr.

8 Mae gan byramid VABCD sylfaen sgwâr ABCD sydd â'i hochrau'n 6 cm.
O yw canol y sylfaen.
(a) Dangoswch fod AO = $\sqrt{18}$ cm.
Ongl VAO, sef yr ongl rhwng un o'r ymylon goleddol a'r sylfaen, yw 62°.
(b) Cyfrifwch yr uchder VO.
(c) Cyfrifwch hyd un o ymylon goleddol y pyramid.

9 Mae gan y pyramid OABCD sylfaen betryal lorweddol ABCD fel y gwelwch yn y diagram. Mae O yn fertigol uwchlaw A.

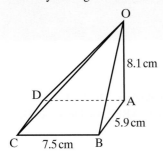

Cyfrifwch
(a) hyd OB.
(b) ongl OCB.
(c) hyd OC.

 YMARFER 31.2GC

1 Hyd ymylon goleddol pyramid sylfaen sgwâr yw 9.5 cm.
Mae'r ymylon goleddol yn gwneud ongl o $60°$ â'r sylfaen.
Cyfrifwch uchder y pyramid.

2 Uchder pyramid yw 7 cm, a hyd pob un o ochrau ei sylfaen sgwâr yw 5 cm.
Mae hyd pob un o'i ymylon goleddol yn hafal.
Cyfrifwch yr ongl rhwng un o'r ymylon goleddol a'r sylfaen.

3 Yn y ciwboid hwn, mae AB = 12 cm, BC = 5 cm ac CG = 6 cm.

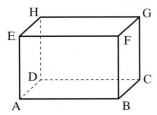

Cyfrifwch
(a) hyd AC.
(b) hyd AG.
(c) yr ongl rhwng AG a'r sylfaen ABCD.
(ch) yr ongl rhwng AG a'r wyneb BCGF.

4 Hyd croeslin ciwboid yw 9.3 cm.
Uchder y ciwboid yw 5.6 cm.
Cyfrifwch yr ongl rhwng y croeslin ac un o ymylon fertigol y ciwboid.

5 Mae VABCD yn byramid sylfaen sgwâr sydd â'i uchder yn 8 cm.
Hyd pob un o ochrau ei sylfaen ABCD yw 10 cm.
Mae hyd pob un o'i ymylon goleddol yn hafal.
M yw canolbwynt AB.

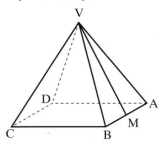

Cyfrifwch
(a) yr ongl y mae VM yn ei gwneud â'r sylfaen.
(b) hyd VM.
(c) hyd VA.
(ch) yr ongl y mae VA yn ei gwneud â'r sylfaen.

6 Mae VABCD yn byramid sylfaen sgwâr sydd â'i uchder yn 8 cm.
Hyd pob un o ochrau ei sylfaen ABCD yw 10 cm.
Mae V yn union uwchlaw A.

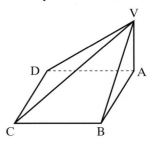

Cyfrifwch hydoedd yr ymylon goleddol VB, VC a VD, a'r onglau y maent yn eu gwneud â'r sylfaen.

7 Mae'r gweithdy 'ar oledd' hwn yn brism sydd
â'i drawstoriad yn drapesiwm.

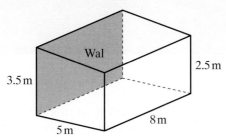

(a) Cyfrifwch arwynebedd y to goleddol.
(b) Cyfrifwch yr ongl rhwng y to a'r wal y
mae'r gweithdy wedi ei adeiladu yn ei
herbyn.
(c) Cyfrifwch hyd y darn hiraf o bren fydd yn
ffitio yn y gweithdy.
(Tybiwch fod y drws yn ddigon mawr
iddo fynd i mewn!)

8 Hyd croeslin ciwboid yw 12.4 cm.
Mae'n gwneud ongl o 33° â sylfaen y ciwboid.
(a) Cyfrifwch uchder y ciwboid.
(b) Hyd sylfaen y ciwboid yw 5.8 cm.
Cyfrifwch ei led.

YMARFER 32.1GC

Ad-drefnwch bob un o'r fformiwlâu hyn i wneud y
llythyren yn y cromfachau yn destun.

1 $C = 2\pi r$ (r)

2 $k = \dfrac{PV}{T}$ (V)

3 $ax + b = 2x + 3b$ (x)

4 $a(x - y) = 3(x + y)$ (x)

5 $pq - r = rq - t$ (p)

6 $pq - r = rq - t$ (q)

7 $pq - r = rq - t$ (r)

8 $s = \frac{1}{2}(u + v)t$ (t)

9 $s = \frac{1}{2}(u + v)t$ (v)

10 $V = \dfrac{1}{x} - \dfrac{1}{3}$ (x)

11 $P = \dfrac{3g + f}{4g - e}$ (g)

YMARFER 32.2GC

1 Ad-drefnwch bob un o'r fformiwlâu hyn i
wneud y llythyren yn y cromfachau yn destun.

    (a) $y = 2x^2 + 3$ (x)

    (b) $h = \dfrac{gt^2}{4\pi^2}$ (t)

    (c) $y = \sqrt{\dfrac{x}{3}}$ (x)

    (ch) $y = \sqrt{x + a}$ (x)

    (d) $s = \sqrt{x^2 + y^2}$ (x)

    (dd) $A = \frac{1}{3}\pi r (l + 3r)$ (l)

    (e) $y = \dfrac{2x}{3} - 5$ (x)

    (f) $y = (x - a)^2$ (x)

2 Y fformiwla ar gyfer cyfaint sffêr yw
$V = \frac{4}{3}\pi r^3$. Yma r yw radiws y sffêr.

    (a) Darganfyddwch gyfaint sffêr sydd â'i
radiws yn 3 cm.
Rhowch eich ateb i 1 lle degol.

    (b) Ad-drefnwch y fformiwla i wneud r yn
destun.

    (c) Beth yw radiws sffêr sydd â'i gyfaint yn
500 cm³?
Rhowch eich ateb i 1 lle degol.

3 Y fformiwla ar gyfer cymedr geometrig, m,
dau rif a a b yw $m = \sqrt{ab}$.
Ar gyfer tri rhif a, b ac c y cymedr geometrig
yw $m = \sqrt[3]{abc}$, ac ar gyfer pedwar rhif a, b, c a
d y cymedr geometrig yw $\sqrt[4]{abcd}$.

    (a) Defnyddiwch y fformiwla briodol i
ddarganfod cymedr geometrig y rhifau 5,
8 ac 12.
Rhowch eich ateb yn gywir i 2 le degol.

    (b) Cymedr geometrig y pedwar rhif 4, 7, 8
ac x yw 6.88, yn gywir i 2 le degol.

      (i) Ad-drefnwch y fformiwla briodol i
wneud x yn destun.

      (ii) Darganfyddwch x yn gywir i'r rhif
cyfan agosaf.

YMARFER 33.1GC

1 Mae ceffylau bach mewn ffair yn cylchdroi 14 gwaith mewn 252 o eiliadau.
Faint o gylchdroeon y mae'r ceffylau bach yn eu gwneud mewn 90 eiliad?

2 Mae trên cyflym yn teithio 63 milltir mewn 35 munud.
Faint o amser y bydd y trên yn ei gymryd i deithio 45 milltir ar yr un buanedd?

3 Gall sain deithio 5145 metr mewn 15 eiliad.
Pa mor bell y gall sain deithio mewn 24 eiliad?

4 Cyfaint darn o gwyr yw 240 cm³ a'i fàs yw 216 gram.
Beth yw màs 1000 cm³ o gwyr?

5 Mae teilio llawr sydd â'i arwynebedd yn 15 m² yn defnyddio 21 litr o adlyn.
Faint o adlyn y byddai ei angen i deilio llawr sydd â'i arwynebedd yn 35 m²?

6 Mae galwad ffôn 45 munud yn costio £1.80.
Beth yw cost galwad 12 munud ar yr un gyfradd?

7 Mae contractiwr yn cael ei dalu £75 am weithio 6 awr.
Faint y byddai'r contractiwr yn cael ei dalu am weithio 10 awr ar yr un gyfradd?

8 Mae peiriant yn defnyddio 21 litr o ddŵr i lanhau carped sydd â'i arwynebedd yn 12 m².
Faint o ddŵr y byddai'r peiriant yn ei ddefnyddio i lanhau carped tebyg sydd â'i arwynebedd yn 40 m²?

9 Mae awyren yn teithio 54 cilometr mewn 6 munud.
Pa mor bell y byddai'n teithio mewn 15 munud ar yr un buanedd?

10 Mae person yn gallu cerdded 340 metr mewn 4 munud.
Pa mor bell y byddai'r un person yn cerdded mewn 3 munud?

YMARFER 33.2GC

1 Mae taith yn cymryd 30 munud ar fuanedd cyson o 40 milltir yr awr. Faint o amser y byddai'r daith yn ei gymryd ar fuanedd cyson o 60 milltir yr awr?

2 Mae tîm o 12 dyn yn cymryd 10 wythnos i osod lein bibell. Faint o amser y byddai'n ei gymryd i osod y lein bibell pe bai 15 dyn?

3 Gall 4 pwmp wacáu pwll mewn 18 awr. Faint o amser y bydd yn ei gymryd i wacáu'r pwll gan ddefnyddio 3 phwmp?

4 Mae cyflenwad o wair yn ddigon i fwydo 8 ceffyl am 30 diwrnod. Am faint y byddai'r un cyflenwad yn bwydo 20 ceffyl?

5 Gan ddefnyddio 3 aradr mae'n bosibl aredig cae mewn 6 awr. Faint o amser y byddai'n ei gymryd i aredig yr un cae gan ddefnyddio 2 aradr?

6 Mae'n cymryd tîm o 3 dyn 14 awr i osod ffens. Faint o amser y byddai'n ei gymryd i osod y ffens pe bai 8 dyn?

7 Gall tanc gael ei lenwi gan ddefnyddio 3 phwmp mewn cyfnod o 28 awr. Faint o amser y byddai'n ei gymryd i lenwi'r tanc gan ddefnyddio 7 pwmp?

8 Mae carped sydd â'i arwynebedd yn 16 m² yn costio £440. Beth yw cost 26 m² o'r un carped?

9 Mae cyflenwad o gorn yn ddigon i fwydo 24 mochyn am 35 diwrnod. Am faint y byddai'r un cyflenwad o gorn yn bwydo 60 mochyn?

10 Mae trên cyflym yn cwblhau taith 473 o filltiroedd mewn 5.5 awr. Faint o amser y byddai'n ei gymryd i'r trên deithio 129 o filltiroedd ar yr un buanedd?

YMARFER 33.3GC

1 O wybod bod w mewn cyfrannedd union ag f^2, a bod $w = 100$ pan fo $f = 5$:
  (a) Darganfyddwch fynegiad ar gyfer w yn nhermau f.
  (b) Cyfrifwch werth w pan fo $f = 4$.
  (c) Cyfrifwch werth f pan fo $w = 100$.
  CBAC Mehefin 2004

2 O wybod bod y mewn cyfrannedd gwrthdro ag x^2, a bod $y = 8$ pan fo $x = 20$:
  (a) Darganfyddwch fynegiad ar gyfer y yn nhermau x.
  (b) Cyfrifwch:
    (i) Gwerth y pan fo $x = 4$.
    (ii) Gwerth ar gyfer x pan fo $y = 32$.
    CBAC Tachwedd 2004

3 O wybod bod y mewn cyfrannedd gwrthdro ag x, a bod $y = 3$ pan fydd $x = 10$:
  (a) Darganfyddwch fynegiad ar gyfer y yn nhermau x.
  (b) Cyfrifwch y pan fydd $x = 1.5$.
  (c) Cyfrifwch x pan fydd $y = 0.5$.
  CBAC Mehefin 2005

4 Mae tanbeidrwydd golau, L o unedau, mewn cyfrannedd gwrthdro â sgwâr y pellter, d metr, o ffynhonnell y golau. O wybod mai 16 uned yw tanbeidrwydd y golau 3 metr o'r ffynhonnell:
  (a) Darganfyddwch fynegiad ar gyfer L yn nhermau d.
  (b) Cyfrifwch werth d pan fo $L = 36$.
  CBAC Ionawr 2006

5 O wybod bod y mewn cyfrannedd union ag x^3, a bod $y = 32$ pan fo $x = 2$.
  (a) Darganfyddwch fynegiad ar gyfer y yn nhermau x:
  (b) Cyfrifwch:
    (i) Werth y pan fo $x = \frac{1}{3}$.
    (ii) Werth x pan fo $y = 4000$.
    CBAC Ionawr 2004

YMARFER 33.4GC

Ar gyfer pob un o'r perthnasoedd hyn
(a) nodwch y math o gyfrannedd.
(b) darganfyddwch y fformiwla.

1

x	2	6
y	8	72

2

x	1	3
y	36	4

3

x	5	12
y	8.64	1.5

4

x	6	10
y	9	25

5

x	1	5
y	100	4

YMARFER 33.5GC

Ar gyfer pob un o'r perthnasoedd hyn
(a) nodwch y math o gyfrannedd.
(b) darganfyddwch y fformiwla.
(c) darganfyddwch y gwerth y sydd heb ei gynnwys yn y tabl.

1

x	1	8	15
y	6	48	

2

x	4	12	18
y	36	12	

3

x	4	10	36
y	2	12.5	

4

x	3	4	5
y	8	4.5	

5

x	2	5	20
y	30	12	

6

x	4	60	100
y	5	72	

7

x	4	7	40
y	35	20	

8

x	2	3	6
y	9	4	

9

x	1	4	10
y	10	160	

10

x	3	15	75
y	15	75	

11

x	3	4	10
y	24	18	

12

x	2	5	32
y	8	50	

13

x	12	60	150
y	4	20	

14

x	5	10	20
y	8	2	

YMARFER 34.1GC

Darganfyddwch hafaliad pob un o'r llinellau syth hyn.

1
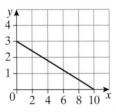

2
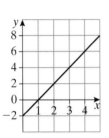

3

4
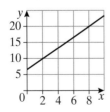

5 Llinell â'r graddiant -2, sy'n mynd trwy'r pwynt $(2, 0)$.

6 Llinell â'r graddiant $\frac{3}{4}$, sy'n mynd trwy'r pwynt $(4, 2)$.

7 Llinell sy'n mynd trwy $(1, 3)$ a $(4, 9)$.

8 Llinell sy'n mynd trwy $(2, 3)$ a $(5, -6)$.

9 Llinell sy'n mynd trwy $(-1, 5)$ a $(3, -5)$.

10 Llinell sy'n mynd trwy $(3, 1)$ a $(-3, -7)$.

YMARFER 34.2GC

1 Darganfyddwch raddiant llinell sy'n berpendicwlar i'r llinell sy'n uno pob un o'r parau hyn o bwyntiau.
   (a) $(1, 1)$ a $(5, 3)$
   (b) $(1, 2)$ a $(4, -2)$
   (c) $(-1, 5)$ a $(2, 8)$

2 Darganfyddwch hafaliad y llinell sy'n mynd trwy $(1, 0)$ ac sy'n baralel i $y = 2x + 6$.

3 Darganfyddwch hafaliad y llinell sy'n mynd trwy $(2, 3)$ ac sy'n baralel i $4x + 2y = 7$.

4 **(a)** Nodwch raddiant y llinell $3x + 5y = 6$.
   (b) Darganfyddwch hafaliad y llinell sy'n berpendicwlar i $3x + 5y = 6$ ac sy'n mynd trwy $(1, 1)$.

5 Darganfyddwch hafaliad y llinell sy'n mynd trwy $(4, 1)$ ac sy'n berpendicwlar i $y = 4x + 3$.

6 Darganfyddwch hafaliad y llinell sy'n mynd trwy $(0, 5)$ ac sy'n berpendicwlar i $3y = x - 1$.

7 Darganfyddwch hafaliad y llinell sy'n mynd trwy (2, 5) ac sy'n berpendicwlar i $7y + 2x = 9$.

8 Pa rai o'r llinellau hyn sydd
   (a) yn baralel? (b) yn berpendicwlar?
   $y = x + 5$ $y = 3x + 5$
   $x + 3y = 5$ $4x - y = 5$

9 Mae dwy linell yn croesi ar ongl sgwâr yn y pwynt (2, 5).
   Mae un ohonynt yn mynd trwy (4, 7).
   Beth yw hafaliad y llinell arall?

10 Yn y diagram, AC yw un o groesliniau y sgwâr ABCD. Cyfrifwch
   (a) hafaliad y llinell AC.
   (b) hafaliad y llinell BD.
   (c) cyfesurynnau B a D.

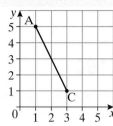

YMARFER 35.1GC

1 Mae'r trionglau ABC a PQR yn gyfath.

  (a) Ysgrifennwch faint yr ongl
   (i) BAC.
   (ii) BCA.
   (iii) PQR.
   (iv) RPQ.

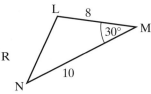

  (b) Pa ochr yn y triongl PQR sydd â'i hyd yn 7.5 cm?

2 Pa drionglau eraill sy'n gyfath â'r triongl ABC?

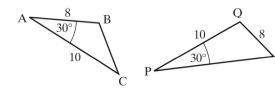

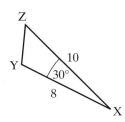

3 Ystyr 'ochr, ongl, ochr' yw fod 'dwy o ochrau un triongl a'r ongl gynwysedig yn hafal i ddwy o ochrau'r triongl arall a'r ongl gynwysedig.'
Eglurwch ystyr y canlynol.

  (a) ochr, ochr, ochr   **(b)** ongl, ochr, ongl   **(c)** ongl sgwâr, hypotenws, ochr

4 Nodwch a ydy pob un o'r parau hyn o drionglau yn gyfath ai peidio.
Rhowch resymau dros eich atebion.

(a)

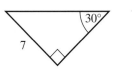

(b)

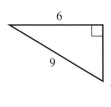

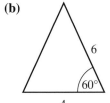

(c)

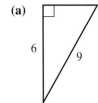

(ch)

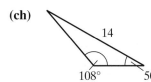

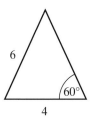

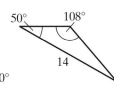

5 Yn y diagram, mae AB = BC ac mae $A\hat{B}D = D\hat{B}C$.
Profwch fod y triongl ABD yn gyfath â'r triongl CBD.

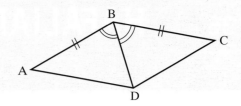

6 Yn y diagram, mae AB yn baralel i ED ac mae BC = CE.
Profwch fod y trionglau ABC a DEC yn gyfath.

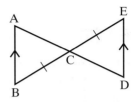

7 **(a)** Brasluniwch bedrochr ABCD lle mae $A\hat{B}C = A\hat{D}C$ ac mae BC yn baralel i AD.
Cysylltwch y fertigau A ac C i wneud dau driongl.
(Efallai y byddwch yn adnabod y siâp a luniadwyd gennych, ond peidiwch â gwneud unrhyw
dybiaethau eraill ynghylch y siâp ar wahân i'r hyn a ddywedwyd wrthych.)
(b) Profwch fod y trionglau ABC ac CDA yn gyfath.
(c) Beth mae hyn yn ei brofi ynghylch ochrau cyferbyn y pedrochr?

8 **(a)** Brasluniwch driongl isosgeles ABC lle mae AB = AC.
Tynnwch linell syth o ganolbwynt BC i A.
(b) Defnyddiwch drionglau cyfath i brofi bod y llinell hon yn haneru'r ongl yn A a'i bod hi'n
berpendicwlar i'r ochr BC.

9 **(a)** Brasluniwch driongl hafalochrog ABC.
Canolbwynt AB yw X, canolbwynt BC yw Y, a chanolbwynt AC yw Z.
(b) Profwch fod y triongl XYZ yn hafalochrog hefyd.

10 Mae gan ddau driongl ddwy ochr sydd â'u hydoedd yn 5 cm a 9 cm.
Mae'r ongl sydd gyferbyn â'r ochr 5 cm yn 25°.
Nid yw'r ddau driongl yn gyfath.
Brasluniwch y ddau driongl i ddangos nad ydynt yn gyfath.

YMARFER 36.1GC

Datryswch bob un o'r hafaliadau cwadratig hyn.

1 $x(x + 3) = 0$ 2 $x(x - 4) = 0$

3 $(x - 2)(x + 2) = 0$ 4 $(x - 5)(x + 6) = 0$

5 $3x(x + 5) = 0$ 6 $(x + 10)(x - 1) = 0$

7 $(x - 7)(x - 3) = 0$ 8 $(x + 9)(2x - 5) = 0$

9 $(x - 3)(4x - 1) = 0$ 10 $(3x - 7)(2x + 1) = 0$

11 $4x(3x - 2) = 0$ 12 $(2x - 3)(3x - 4) = 0$

YMARFER 36.2GC

Ffactoriwch a thrwy hynny datryswch bob un o'r hafaliadau cwadratig hyn.

1 $x^2 + 5x + 4 = 0$ 2 $x^2 - 8x + 7 = 0$

3 $x^2 + 4x - 5 = 0$ 4 $x^2 - x - 2 = 0$

5 $x^2 + x - 12 = 0$ 6 $x^2 + 7x = 0$

7 $x^2 - 9x + 14 = 0$ 8 $x^2 - 3x - 10 = 0$

9 $3x^2 - 15x = 0$ 10 $x^2 - 16 = 0$

11 $x^2 + 8x + 12 = 0$ 12 $x^2 - 8x - 20 = 0$

13 $x^2 + 8x + 16 = 0$ 14 $x^2 - 8x + 15 = 0$

15 $x^2 - 100 = 0$ 16 $x^2 + 21x - 22 = 0$

17 $2x^2 - 6x = 0$ 18 $x^2 - 11x + 18 = 0$

19 $4x^2 + 2x = 0$ 20 $9x^2 - 25 = 0$

21 $2x^2 + 3x + 1 = 0$ 22 $3x^2 - 5x + 2 = 0$

23 $3x^2 + 10x + 7 = 0$ 24 $2x^2 + 5x - 3 = 0$

25 $3x^2 + 4x - 4 = 0$ 26 $2x^2 - 17x + 8 = 0$

27 $4x^2 - 4x + 1 = 0$ 28 $4x^2 - 11x - 3 = 0$

29 $2x^2 - x - 10 = 0$ 30 $6x^2 - 7x - 5 = 0$

31 $15x^2 + 7x - 2 = 0$ 32 $18x^2 - 35x + 12 = 0$

33 $8x^2 - 16x - 27 = 0$ 34 $12x^2 + 28x - 5 = 0$

35 $28x^2 + 15x + 2 = 0$ 36 $24x^2 - 2x - 15 = 0$

YMARFER 36.3GC

Ffactoriwch a thrwy hynny datryswch bob un o'r hafaliadau cwadratig hyn.

1 $x^2 + x = 6$ 2 $x^2 = 7x - 10$

3 $x^2 = 4x + 5$ 4 $x^2 = 10x - 21$

5 $x^2 = 11x$ 6 $x^2 = 12 - 4x$

7 $x^2 = 6 + 5x$ 8 $2x^2 = 3x - 1$

9 $9 + 8x - x^2 = 0$ 10 $5 - 4x - x^2 = 0$

YMARFER 36.4GC

1 (a) Ysgrifennwch bob un o'r mynegiadau cwadratig hyn yn y ffurf $(x + m)^2 + n$.
    (i) $x^2 + 2x$ (ii) $x^2 - 4x$
    (iii) $x^2 - 14x$ (iv) $x^2 - x$

    (b) Ysgrifennwch bob un o'r mynegiadau cwadratig hyn yn y ffurf $(x + m)^2 + n$. Defnyddiwch eich atebion i ran (a).
    (i) $x^2 + 2x - 5$ (ii) $x^2 - 4x + 7$
    (iii) $x^2 - 14x + 1$ (iv) $x^2 - x - 7$

2 Ar gyfer pob un o'r mynegiadau cwadratig hyn, cwblhewch y sgwâr; hynny yw, ysgrifennwch ef yn y ffurf $(x + m)^2 + n$.

    (a) $x^2 + 6x - 1$ (b) $x^2 + 8x - 2$

    (c) $x^2 - 4x + 3$ (ch) $x^2 - 2x - 3$

    (d) $x^2 - 12x + 37$ (dd) $x^2 + 10x - 3$

    (e) $x^2 - 6x + 19$ (f) $x^2 + 3x - 2$

    (ff) $x^2 - 5x + 7$

YMARFER 36.5GC

Yn yr ymarfer hwn, rhowch eich holl atebion yn gywir i 2 le degol.

1 Datryswch bob un o'r hafaliadau cwadratig hyn.
    (a) $(x - 2)^2 - 5 = 0$
    (b) $(x + 3)^2 - 7 = 0$
    (c) $(x - 4)^2 - 20 = 0$
    (ch) $(x + 1)^2 - 11 = 0$

2 Ar gyfer pob un o'r hafaliadau cwadratig hyn, yn gyntaf cwblhewch y sgwâr ac wedyn datryswch yr hafaliad.

(a) $x^2 - 6x - 5 = 0$

(b) $x^2 + 4x + 1 = 0$

(c) $x^2 - 4x - 3 = 0$

(ch) $x^2 + 10x + 5 = 0$

(d) $x^2 + 2x - 8 = 0$

(dd) $x^2 + 6x - 2 = 0$

(e) $x^2 - 8x + 6 = 0$

(f) $x^2 + 14x - 3 = 0$

(ff) $x^2 + 3x - 6 = 0$

YMARFER 36.6GC

Datryswch bob un o'r hafaliadau cwadratig hyn trwy ddefnyddio'r fformiwla.

Rhowch eich atebion yn gywir i 2 le degol.

Os nad oes datrysiadau real, nodwch hynny.

1 $x^2 + 3x + 1 = 0$ **2** $x^2 - 7x + 3 = 0$

3 $x^2 + 2x - 11 = 0$ **4** $x^2 + x - 7 = 0$

5 $2x^2 + 6x + 3 = 0$ **6** $2x^2 + 5x + 1 = 0$

7 $x^2 + 4x + 7 = 0$ **8** $3x^2 + 10x + 5 = 0$

9 $3x^2 - 7x - 4 = 0$ **10** $2x^2 - x - 8 = 0$

11 $5x^2 + 8x + 1 = 0$ **12** $2x^2 + 5x - 7 = 0$

13 $4x^2 - 12x + 6 = 0$ **14** $2x^2 - 5x - 4 = 0$

15 $2x^2 + 10x + 15 = 0$ **16** $3x^2 + 3x - 2 = 0$

17 $x^2 - 3x - 50 = 0$ **18** $4x^2 + 9x + 3 = 0$

19 $5x^2 + 11x + 4 = 0$ **20** $3x^2 - x - 8 = 0$

21 $2x^2 + 6x + 5 = 0$

YMARFER 36.7GC

1 Hyd ciwboid solet yw $(x + 3)$ cm, ei led yw $(x + 3)$ cm a'i uchder yw 5 cm. Arwynebedd arwyneb y ciwboid yw 195 cm².

(a) Dangoswch fod x yn bodloni'r hafaliad $2x^2 + 32x - 117 = 0$.

(b) Defnyddiwch ddull y fformiwla i ddatrys yr hafaliad $2x^2 + 32x - 117 = 0$, gan roi eich atebion yn gywir i ddau le degol. Dangoswch eich gwaith cyfrifo.

(c) Trwy hynny ysgrifennwch ddimensiynau'r ciwboid.

CBAC Tachwedd 2004

2 Am yr x eiliad cyntaf o daith, buanedd cyfartalog beiciwr yw 4 m/s. Am y $(5x + 2)$ eiliad nesaf y buanedd cyfartalog yw x m/s. Y pellter cyfan a deithiwyd yw 128 metr.

(a) Dangoswch fod x yn bodloni'r hafaliad $5x^2 + 6x - 128 = 0$.

(b) Defnyddiwch ddull y fformiwla i ddatrys yr hafaliad $5x^2 + 6x - 128 = 0$, gan roi datrysiadau yn gywir i un lle degol.

(c) Trwy hynny darganfyddwch gyfanswm yr amser ar gyfer y daith.

CBAC Tachwedd 2005

3 Uchder ciwboid yw x cm, ei hyd yw $(x + 2)$ cm a'i led yw x cm. Arwynebedd arwyneb y ciwboid yw 83 cm².

(a) Dangoswch fod x yn bodloni'r hafaliad $6x^2 + 8x - 83 = 0$.

(b) Defnyddiwch ddull y fformiwla i ddatrys yr hafaliad $6x^2 + 8x - 83 = 0$, gan roi datrysiadau i ddau le degol.

(c) Trwy hynny ysgrifennwch ddimensiynau'r ciwboid.

CBAC Tachwedd 2003

4 Mae'r diagram yn dangos prism trionglog.

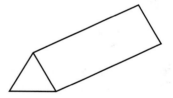

Arwynebedd trawstoriad y prism trionglog yw $2x^2$ cm² ac arwynebedd pob un o'i wynebau petryal yw $(7x + 5)$ cm². Arwynebedd arwyneb y prism trionglog yw 202 cm².

(a) Dangoswch fod x yn bodloni'r hafaliad $4x^2 + 21x - 187 = 0$.

(b) Defnyddiwch ddull y fformiwla i ddatrys yr hafaliad $4x^2 + 21x - 187 = 0$, gan roi datrysiadau yn gywir i un lle degol.

(c) Trwy hynny darganfyddwch arwynebedd trawstoriad y prism trionglog hwn ac arwynebedd pob wyneb petryal.

CBAC Mehefin 2005

YMARFER 37.1GC

Datryswch bob un o'r parau hyn o hafaliadau cydamserol.

1 $2x + y = 8$
$3x - y = 7$

2 $4x + 5y = 3$
$3x + 5y = 1$

3 $2x + 5y = 6$
$2x + 3y = 14$

4 $4x - 5y = 7$
$4x + y = -11$

5 $2x + 3y = 9$
$6x - 3y = 39$

6 $3x + 5y = 23$
$7x + 5y = 37$

7 $5x + 2y = 5$
$-5x - 3y = 5$

8 $x + 3y = 13$
$2x + y = 11$

9 $3x + 2y = 16$
$5x + 4y = 27$

10 $4x - 3y = -3$
$2x + 5y = 18$

11 $3x - 2y = 19$
$x + 4y = -3$

12 $4x - 3y = 1$
$x + y = -5$

13 $3x + 2y = 4$
$x + 4y = 13$

14 $5x + y = 10$
$3x - 5y = 10$

15 $7x + 3y = 0$
$2x - 9y = 69$

16 $3x + 4y = 12$
$6x - 3y = 2$

17 $4x - 3y = 11$
$5x - y = 22$

18 $3x + 4y = 19$
$5x + 3y = 17$

19 $3x - 2y = 11$
$7x + 6y = 9$

20 $6x - 5y = -16$
$5x - 3y = -11$

21 $4x + 2y = 17$
$3x + 5y = 18$

YMARFER 37.2GC

1 Datryswch bob un o'r parau hyn o hafaliadau cydamserol trwy amnewid.

(a) $y = 2x - 10$
$y = 3x - 13$

(b) $y = 5x + 18$
$y = 4 - 2x$

(c) $y = 3x + 11$
$x + y = 3$

(ch) $y = 8 - 2x$
$2x + 5y = 48$

(d) $x = 3y - 5$
$3x - 2y = 6$

(dd) $x - 2y = 7$
$y = 3x + 4$

YMARFER 38.1GC

1 Pa rai o'r ffracsiynau hyn sy'n gywerth â degolion cylchol?

    (a) $\frac{1}{8}$ **(b)** $\frac{7}{30}$ **(c)** $\frac{4}{7}$

    (ch) $\frac{5}{16}$ **(d)** $\frac{11}{120}$

2 Darganfyddwch y degolyn sy'n gywerth â phob un o'r ffracsiynau yng nghwestiwn **1**.

3 Os byddwch yn ysgrifennu'r ffracsiynau hyn fel degolion, pa rai fydd yn derfynus?

    (a) $\frac{6}{40}$ **(b)** $\frac{7}{8}$ **(c)** $\frac{1}{6}$

    (ch) $\frac{2}{75}$ **(d)** $\frac{11}{80}$

4 Darganfyddwch y degolyn sy'n gywerth â phob un o'r ffracsiynau yng nghwestiwn **3**.

5 Darganfyddwch y ffracsiwn sy'n gywerth â phob un o'r degolion terfynus hyn.
Ysgrifennwch bob ffracsiwn yn ei ffurf symlaf.

    (a) 0.16   **(b)** 0.305
    (c) 0.625   **(ch)** 0.408

6 Darganfyddwch ffracsiwn sy'n gywerth â phob un o'r degolion cylchol hyn.
Ysgrifennwch bob ffracsiwn yn ei ffurf symlaf.

    (a) $0.\dot{3}$ **(b)** $0.\dot{8}$ **(c)** $0.1\dot{5}$ **(ch)** $0.7\dot{2}$

7 Darganfyddwch ffracsiwn sy'n gywerth â phob un o'r degolion cylchol hyn.
Ysgrifennwch bob ffracsiwn yn ei ffurf symlaf.

    (a) $0.\dot{6}\dot{3}$ **(b)** $0.4\dot{7}$ **(c)** $0.1\dot{5}$ **(ch)** $0.3\dot{8}$

8 Darganfyddwch ffracsiwn sy'n gywerth â phob un o'r degolion cylchol hyn.
Ysgrifennwch bob ffracsiwn yn ei ffurf symlaf.

    (a) $0.\dot{3}0\dot{6}$ **(b)** $0.\dot{4}1\dot{4}$
    (c) $0.0\dot{8}$ **(ch)** $0.\dot{0}2\dot{7}$

YMARFER 38.2GC

1 Symleiddiwch y rhain.

    (a) $\sqrt{7} + 3\sqrt{7}$

    (b) $9\sqrt{5} - 2\sqrt{5}$

    (c) $4\sqrt{3} - \sqrt{3}$

    (ch) $\sqrt{3} \times 5\sqrt{3}$

    (d) $6\sqrt{2} \times \sqrt{5}$

    (dd) $3\sqrt{3} \times \sqrt{12}$

2 Ysgrifennwch bob un o'r mynegiadau hyn yn y ffurf $a\sqrt{b}$, lle mae b yn gyfanrif sydd mor fach â phosibl.

    (a) $\sqrt{18}$

    (b) $3\sqrt{50}$

    (c) $5\sqrt{12}$

    (ch) $6\sqrt{20}$

    (d) $\sqrt{108}$

    (dd) $\sqrt{1250}$

3 Symleiddiwch y rhain.

    (a) $\sqrt{18} + 4\sqrt{2}$

    (b) $7\sqrt{3} - \sqrt{75}$

    (c) $\sqrt{12} + 3\sqrt{3}$

    (ch) $\sqrt{8} \times 3\sqrt{6}$

    (d) $\sqrt{21} \times \sqrt{12}$

    (dd) $2\sqrt{250} \times \sqrt{10}$

4 Ehangwch a symleiddiwch y rhain.

    (a) $\sqrt{2}(5 + \sqrt{2})$

    (b) $\sqrt{3}(\sqrt{12} + \sqrt{2})$

    (c) $4\sqrt{5}(2 + \sqrt{45})$

    (ch) $3\sqrt{2}(\sqrt{18} + \sqrt{5})$

5 Ehangwch a symleiddiwch y rhain. Nodwch a yw eich ateb yn gymarebol neu'n anghymarebol.

(a) $(1 + 2\sqrt{7})(3 + 4\sqrt{7})$

(b) $(3 - \sqrt{3})(8 + \sqrt{3})$

(c) $(4 - \sqrt{5})(3 - 2\sqrt{5})$

(ch) $(\sqrt{5} + 1)(\sqrt{5} - 4)$

(d) $(\sqrt{10} + 5)(\sqrt{10} - 5)$

(dd) $(6 - \sqrt{13})(4 - 2\sqrt{13})$

6 Darganfyddwch werth pob un o'r mynegiadau hyn pan fo $m = 4 + \sqrt{5}$ ac $n = 6 - 2\sqrt{5}$.

(a) $3n$ (b) $m + 2n$

(c) $3m - 2n$ (ch) mn

7 Darganfyddwch werth pob un o'r mynegiadau hyn pan fo $p = 7 + 2\sqrt{3}$ ac $q = 7 - 2\sqrt{3}$.

(a) $4p$ (b) $\sqrt{3}q$

(c) $p - q$ (ch) pq

(d) p^2 (dd) q^2

8 O wybod bod $r = 7 + \sqrt{5}$ ac $s = 6 - 4\sqrt{5}$.

(a) Darganfyddwch werth k pan fo $3r + ks$ yn gyfanrif.

(b) Darganfyddwch werth k pan fo $3r + ks$ yn y ffurf $a\sqrt{5}$.

9 Rhesymolwch yr enwadur a symleiddiwch bob un o'r canlynol.

(a) $\dfrac{15}{\sqrt{3}}$ (b) $\dfrac{4}{\sqrt{5}}$

(c) $\dfrac{6}{5\sqrt{2}}$ (ch) $\dfrac{6}{7\sqrt{12}}$

(d) $\dfrac{6\sqrt{3}}{5\sqrt{2}}$ (dd) $\dfrac{12\sqrt{10}}{11\sqrt{6}}$

10 Rhesymolwch yr enwadur a symleiddiwch bob un o'r canlynol.

(a) $\dfrac{10 + 2\sqrt{5}}{\sqrt{5}}$

(b) $\dfrac{12 + \sqrt{3}}{4\sqrt{3}}$

(c) $\dfrac{6 + 5\sqrt{2}}{\sqrt{2}}$

(ch) $\dfrac{5 + 10\sqrt{3}}{\sqrt{15}}$

YMARFER 39.1GC

1 Dyma graff pellter–amser ar gyfer gronyn sy'n symud mewn llinell syth.

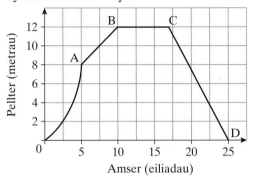

Disgrifiwch fudiant y gronyn.

2 **(a)** Lluniwch graff pellter–amser gyda'r echelin Amser (t) o 0 i 10 eiliad a'r echelin Pellter (d) o 0 i 20 metr. Tynnwch linell syth yn cysylltu $(0, 0)$ ag $(8, 18)$.
   (b) Cyfrifwch y cyflymder a disgrifiwch y mudiant.

3 **(a)** Lluniwch graff cyflymder–amser gyda'r echelin Amser (t) o 0 i 10 eiliad a'r echelin Cyflymder (v) o 0 i 20 m/s. Dangoswch gyflymiad cyson o $t = 0$, $v = 0$ i $t = 10$, $v = 15$.
   (b) Beth yw'r cyflymder pan fo $t = 6$?
   (c) Beth yw'r cyflymiad?

4 Mae gronyn yn symud â chyflymiad cyson o 2 m/s^2 o $t = 0$ i $t = 3$.
Mae'n symud ar gyflymder cyson am y 5 eiliad nesaf.
Yna mae'n symud â chyflymiad cyson o -1.25 m/s^2 am y 12 eiliad nesaf.
   (a) Lluniwch graff cyflymder–amser gyda'r echelin Amser (t) o 0 i 20 eiliad a'r echelin Cyflymder (v) o -10 i $+10$ m/s. Dangoswch symudiad y gronyn.
   (b) Beth yw'r cyflymder cyson o $t = 3$ i $t = 8$?
   (c) Pryd mae'r cyflymder yn sero?
   (ch) Beth yw'r cyflymder pan fo $t = 20$?

5 Dyma graff cyflymder–amser i ddangos symudiad gronyn.

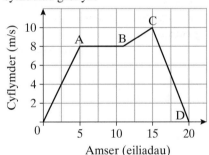

Disgrifiwch mor fanwl â phosibl symudiad y gronyn.
Cyfrifwch y cyflymiadau lle bo angen.

6 Cafodd y data yn y tabl eu cofnodi yn ystod arbrawf. Cofnodwyd y canlyniadau ar gyfer y ddau newidyn x ac y.

x	1	2	3	4	5
y	29.1	25.9	21.0	14.2	4.8

(a) Ar bapur graff, plotiwch werthoedd y yn erbyn x^2.

(b) Cyn dechrau'r arbrawf roedd yn hysbys (*known*) eisoes fod y yn hafal yn fras i $ax^2 + b$. Defnyddiwch eich graff i amcangyfrif a a b.

CBAC Mehefin 2005

7 Cafodd y data yn y tabl eu cofnodi yn ystod arbrawf. Cofnodwyd y canlyniadau ar gyfer y ddau newidyn x ac y.

x	1	2	3	4	5
y	48	81	148	236	348

(a) Ar bapur graff, plotiwch werthoedd y yn erbyn x^2.

(b) Cyn dechrau'r arbrawf roedd yn hysbys (*known*) eisoes fod y yn hafal yn fras i $ax^2 + b$. Defnyddiwch eich graff i amcangyfrif a a b.

CBAC Mehefin 2005

8 Dangosir isod graff $y = 16 - x^2$ ar gyfer gwerthoedd x o 0 i 3.

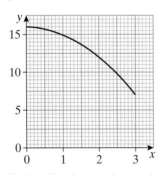

Defnyddiwch y rheol trapesiwm, gyda'r pedwar mesuryn $x = 0$, $x = 1$, $x = 2$ ac $x = 3$, i amcangyfrif arwynebedd y rhanbarth sydd wedi'i ffinio gan y gromlin, yr echelin x, yr echelin y a'r llinell $x = 3$.

CBAC Mehefin 2005

9 Rhoddir isod graff $y = x^3 - x^2 - 17x - 15$.

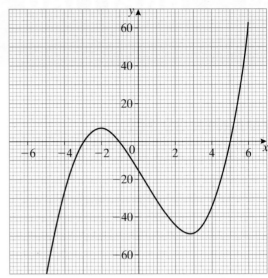

Defnyddiwch graff $y = x^3 - x^2 - 17x - 15$ i ddarganfod

(a) gwerthoedd x pan fo graddiant y gromlin yn sero.

(b) graddiant y gromlin pan fo $x = 2$. (Defnyddiwch bapur dargopïo dros y graff)

CBAC Mehefin 2005

YMARFER 39.2GC

1 (a) Lluniwch graff $y = x^2 - 3x + 2$ ar gyfer gwerthoedd x o -1 i 4.

(b) Ar yr un echelinau, tynnwch y llinell $y = x - 1$.

(c) Ysgrifennwch gyfesurynnau'r pwyntiau lle mae'r llinell a'r gromlin yn croestorri.

2 (a) Lluniwch graff $y = x^2 - 2x - 3$ ar gyfer gwerthoedd x o -2 i 4.

(b) Ar yr un echelinau, tynnwch y llinell $y = 3 - x$.

(c) Ysgrifennwch gyfesurynnau'r pwyntiau lle mae'r llinell a'r gromlin yn croestorri.

3 (a) Lluniwch graff $y = x^2 - 6x + 4$ ar gyfer gwerthoedd x o 0 i 6.

(b) Ar yr un echelinau, tynnwch y llinell $4y = 3x - 12$.

(c) Ysgrifennwch gyfesurynnau'r pwyntiau lle mae'r llinell a'r gromlin yn croestorri.

4 **(a)** Lluniwch graff $y = 10 + x - 2x^2$ ar gyfer gwerthoedd x o -3 i 3.
   (b) Ar yr un echelinau, tynnwch y llinell $3y + 4x = 12$.
   (c) Ysgrifennwch gyfesurynnau'r pwyntiau lle mae'r llinell a'r gromlin yn croestorri.

YMARFER 39.3GC

1 **(a)** Lluniwch graff $y = x^2 - 5x - 6$ ar gyfer gwerthoedd x o -2 i 7.
   (b) Defnyddiwch eich graff i ddatrys yr hafaliadau hyn.
   (i) $x^2 - 5x - 6 = 0$
   (ii) $x^2 - 5x - 6 = -10$
   (iii) $x^2 - 5x - 6 = 2 - 3x$

2 **(a)** Lluniwch graff $y = x^2 - 4x + 3$ ar gyfer gwerthoedd x o -1 i 5.
   (b) Defnyddiwch eich graff i ddatrys yr hafaliadau hyn.
   Rhowch eich atebion i 1 lle degol.
   (i) $x^2 - 4x + 3 = 0$
   (ii) $x^2 - 4x - 3 = 0$
   (iii) $x^2 - 6x + 7 = 0$

3 **(a)** Lluniwch graff $y = x^2 + 2x - 15$ ar gyfer gwerthoedd x o -6 i 4.
   (b) Defnyddiwch eich graff i ddatrys yr hafaliadau hyn.
   Rhowch eich atebion i 1 lle degol.
   (i) $x^2 + 2x - 15 = 0$
   (ii) $x^2 + 2x - 10 = 0$
   (iii) $x^2 + 3x - 4 = 0$
   (c) **(i)** Pa linell y byddai angen i chi ei thynnu ar y graff i ddatrys yr hafaliad $x^2 + x + 3 = 0$?
   (ii) Pam nad yw hyn yn gweithio?

Ar gyfer gweddill y cwestiynau peidiwch â llunio graffiau.

4 Mae graff $y = x^2 - 2x + 1$ wedi cael ei lunio eisoes.
Pa linell arall y mae angen ei thynnu i ddatrys pob un o'r hafaliadau hyn?
   (a) $x^2 - 2x + 1 = 5$
   (b) $x^2 - 2x + 1 = 3x - 2$

5 Mae graff $y = x^2 - x - 12$ wedi cael ei lunio eisoes.
Pa linell arall y mae angen ei thynnu i ddatrys pob un o'r hafaliadau hyn?
   (a) $x^2 - 3x - 12 = 0$
   (b) $x^2 - x = 0$
   (c) $x^2 + x - 15 = 0$

6 Mae graff $y = x^2 - 6x + 8$ wedi cael ei lunio eisoes. Pa linell arall y mae angen ei thynnu i ddatrys pob un o'r hafaliadau hyn?
   (a) $x^2 - 6x + 4 = 0$
   (b) $x^2 - 8x + 8 = 0$
   (c) $x^2 - 4x + 3 = 0$

YMARFER 39.4GC

1 **(a)** Mae'r tabl yn dangos gwerthoedd ar gyfer yr hafaliad $y = \dfrac{12}{x}$. Copïwch y tabl a'i gwblhau.

x	1	2	3	4	6	8	12
y							

   (b) Lluniwch graff $y = \dfrac{12}{x}$ ar gyfer gwerthoedd x rhwng 1 ac 12.
   (c) Defnyddiwch eich graff i amcangyfrif gwerth y pan fo $x = 9$.
   (ch) **(i)** Darganfyddwch y pwynt ar y graff lle mae $x = y$.
   (ii) Eglurwch y cysylltiad rhwng y rhif hwn ag 12.

2 **(a)** Lluniwch graff $y = 2x^3$ ar gyfer gwerthoedd x rhwng -3 a 3.
   (b) Tynnwch y llinell $y = 10x$ ar yr un graff.
   (c) **(i)** Darganfyddwch yr hafaliad a roddir lle mae'r llinell a'r gromlin yn croestorri.
   (ii) Amcangyfrifwch y datrysiadau i'r hafaliad hwn.

3 **(a)** Lluniwch graff $y = \dfrac{6}{x+1}$, ar gyfer gwerthoedd x rhwng 0 a 5.

(b) Defnyddiwch eich graff i ddarganfod gwerth x pan fo $y = 4$.

(c) Tynnwch y llinell $y = x - 1$ ar yr un graff.

(ch) **(i)** Darganfyddwch yr hafaliad a roddir lle mae'r llinell a'r gromlin yn croestorri.

(ii) Amcangyfrifwch y datrysiadau i'r hafaliad hwn.

4 **(a)** Lluniwch graff $y = 4^{-x}$ ar gyfer gwerthoedd x rhwng -2 a 2.

(b) Defnyddiwch eich graff i amcangyfrif

(i) gwerth y pan fo $x = 0.5$.

(ii) y datrysiad i'r hafaliad $4^{-x} = 10$.

5 Mae'r tabl yn dangos dau bâr o werthoedd ar gyfer yr hafaliad $y = ab^x$.

x	0	1	2	3	4	5
y	4	8				

(a) Darganfyddwch werthoedd a a b.

(b) Copïwch a chwblhewch y tabl.

(c) Lluniwch graff $y = ab^x$ ar gyfer gwerthoedd x o 0 i 5.

(ch) Defnyddiwch eich graff i amcangyfrif gwerth x pan fo $y = 80$.

6 Mae'r graff isod yn dangos buanedd trên, mewn m/s, dros gyfnod o 60 o eiliadau gan ddechrau ar amser $t = 0$ eiliad.

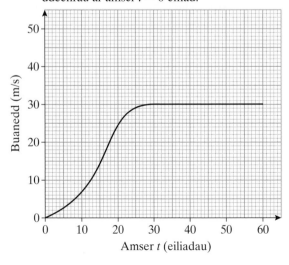

(a) Amcangyfrifwch gyflymiad y trên ar amser $t = 25$ eiliad.
(Defnyddiwch bapur dargopïo dros y graff)

(b) Mae'r tabl isod yn rhoi buanedd y trên rhwng $t = 0$ a $t = 30$.

Amser t (eiliadau)	0	10	20	30
Buanedd (m/s)	0	7	25	30

(i) Defnyddiwch y rheol trapesiwm â'r gwerthoedd a gymerir o'r tabl i amcangyfrif y pellter, mewn cilometrau, a deithiwyd gan y trên rhwng $t = 0$ a $t = 30$ eiliad.

(ii) Trwy hynny amcangyfrifwch y pellter cyfan a deithiwyd yn ystod y 60 eiliad.

CBAC Tachwedd 2004

7 Mae'r graff isod yn dangos buanedd trên, mewn m/s, dros gyfnod o 100 o eiliadau gan ddechrau ar amser $t = 0$ eiliad.

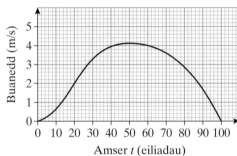

(a) Amcangyfrifwch gyflymiad y trên ar amser $t = 40$ eiliad.
(Defnyddiwch bapur dargopïo dros y graff)

(b) Mae'r tabl isod yn rhoi buanedd y trên rhwng $t = 70$ a $t = 100$.

Amser t (eiliadau)	70	80	90	100
Buanedd (m/s)	3.6	2.9	1.8	0

Defnyddiwch y rheol trapesiwm â'r gwerthoedd a gymerir o'r tabl i amcangyfrif y pellter, mewn metrau, a deithiwyd gan y trên rhwng $t = 70$ a $t = 100$ eiliad.

CBAC Mehefin 2004

8 Mae'r diagram yn dangos graff $y = ab^2$.
Defnyddiwch y graff i ddarganfod gwerthoedd
a a b.

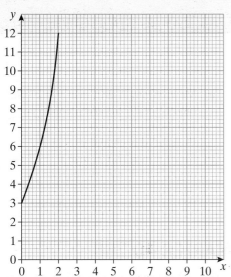

YMARFER 40.1GC

1 Darganfyddwch arwynebedd pob un o'r trionglau hyn.

(a)

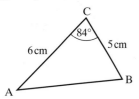

(b)

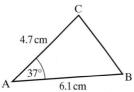

(c)

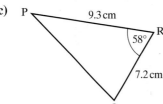

(ch)

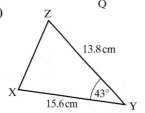

2 (a) Mewn triongl ABC, mae $b = 9$ cm, $c = 16$ cm a'r arwynebedd yw 60.4 cm^2. Darganfyddwch faint $C\hat{A}B$.

(b) Mewn triongl PQR, mae $q = 6.4$ cm, $r = 7.8$ cm a'r arwynebedd yw 12.1 cm^2. Darganfyddwch faint $R\hat{P}Q$.

(c) Yn y triongl XYZ, mae $x = 23.7$ cm, $y = 16.3$ cm a'r arwynebedd yw 184 cm^2. Darganfyddwch faint $Y\hat{Z}X$.

3 (a) Mewn triongl ABC, mae $b = 20$ cm, mae ongl C yn 27° a'r arwynebedd yw 145.3 cm^2.
Darganfyddwch hyd yr ochr BC.

(b) Mewn triongl XYZ, mae $x = 9.3$ cm, mae ongl Z yn 94° a'r arwynebedd yw 34.3 cm^2.
Darganfyddwch hyd yr ochr XZ.

YMARFER 40.2GC

1 Darganfyddwch faint pob un o'r ochrau a'r onglau coll yn y diagramau hyn.

(a)

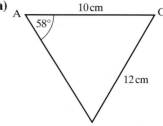

(b)

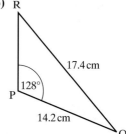

(c)

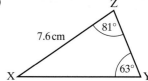

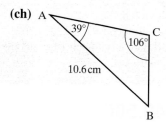

(ch) A ... 39° ... C 106° ... 10.6 cm ... B

2 Mewn triongl PQR, mae PQ̂R yn 38°, mae'r ochr PR yn 8.3 cm ac mae'r ochr PQ yn 12 cm. Cyfrifwch faint ongl fwyaf y triongl.

YMARFER 40.3GC

1 Darganfyddwch faint pob un o'r ochrau a'r onglau sydd wedi'u nodi yn y diagramau hyn.

(a)

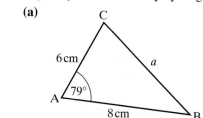

C ... 6 cm ... a ... A 79° ... 8 cm ... B

(b)

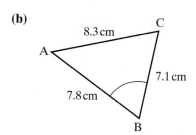

8.3 cm ... C ... A ... 7.1 cm ... 7.8 cm ... B

(c)

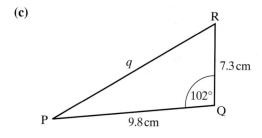

R ... q ... 7.3 cm ... 102° ... Q ... P ... 9.8 cm

(ch) X ... 10.2 cm ... Z ... 8.1 cm ... 7.6 cm ... Y

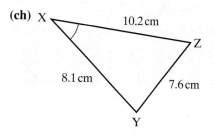

2 Darganfyddwch faint pob un o'r onglau yn y diagramau hyn.

(a)

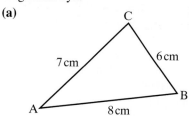

C ... 7 cm ... 6 cm ... A ... 8 cm ... B

(b)

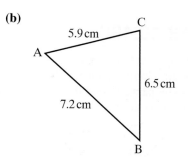

5.9 cm ... C ... A ... 6.5 cm ... 7.2 cm ... B

(c)

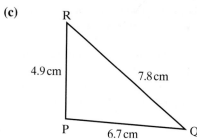

R ... 4.9 cm ... 7.8 cm ... P ... 6.7 cm ... Q

(ch) X ... 14 cm ... Z ... 13 cm ... 8 cm ... Y

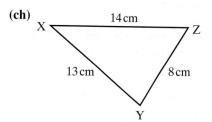

3 Ciwboid yw ABCDEFGH.
Mae ACH yn driongl sydd wedi'i gynnwys yn
y ciwboid.

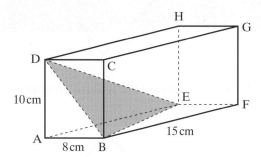

Cyfrifwch faint yr onglau hyn.
(a) Ongl BDE
(b) Ongl BED

YMARFER 40.4GC

1 (a) Lluniwch yn fanwl gywir graff $y = \sin \theta$
ar gyfer gwerthoedd θ o $-180°$ i $180°$.
(b) Ar gyfer pa werthoedd θ yn yr amrediad
hwn y mae $\sin \theta = 0.7$?

2 (a) Lluniwch yn fanwl gywir graff $y = \cos \theta$
ar gyfer gwerthoedd θ o $0°$ i $360°$.
(b) Ar gyfer pa werthoedd θ yn yr amrediad
hwn y mae $\cos \theta = -0.6$?

3 (a) Brasluniwch graff $y = \sin \theta$ ar gyfer
gwerthoedd θ o $0°$ i $360°$.
(b) Defnyddiwch eich graff a chyfrifiannell i
ddarganfod yr holl werthoedd θ lle mae
$\sin \theta = -0.8$.

4 (a) Brasluniwch graff $y = \cos \theta$ ar gyfer
gwerthoedd θ o $-180°$ i $360°$.
(b) Defnyddiwch eich graff a chyfrifiannell i
ddarganfod holl ddatrysiadau'r hafaliad
$\cos \theta = -0.3$.

5 Un datrysiad i $\sin \theta = 0.6$ yw yn fras $37°$.
Gan ddefnyddio cymesuredd y gromlin sin yn
unig, darganfyddwch yr onglau eraill rhwng
$-180°$ a $540°$ sydd hefyd yn bodloni'r
hafaliad $\sin \theta = 0.6$.

6 (a) Lluniwch yn fanwl gywir graff $y = \tan \theta$
ar gyfer gwerthoedd θ o $-180°$ i $360°$.
(b) O'ch graff darganfyddwch yr onglau lle
mae $\tan \theta = -1.5$.

YMARFER 40.5GC

1 Darganfyddwch arg a chyfnod pob un o'r
cromliniau hyn.
(a) $y = 2 \sin \theta$ (b) $y = \cos 4\theta$
(c) $y = 5 \sin 2\theta$ (ch) $y = 3 \sin 0.8\theta$
(d) $y = 4 \cos 5\theta$ (dd) $y = 7 \cos 0.6\theta$

2 Lluniwch graff $y = 2 \cos \theta$ ar gyfer
gwerthoedd θ o $0°$ i $360°$.

3 Lluniwch graff $y = \sin 3\theta$ ar gyfer gwerthoedd
θ o $-180°$ i $180°$.

4 Brasluniwch graff $y = \cos 5\theta$ ar gyfer
gwerthoedd θ o $0°$ i $360°$.

5 Brasluniwch graff $y = 1.5 \sin \theta$ ar gyfer
gwerthoedd θ o $-180°$ i $180°$.

6 Darganfyddwch ddatrysiadau $\cos 4\theta = -0.6$
rhwng $0°$ a $360°$.

YMARFER 41.1GC

1 $f(x) = x^2 + 4$.
Darganfyddwch werth pob un o'r rhain.
(a) $f(3)$ **(b)** $f(-2)$

2 $g(x) = x^2 + 2x + 1$.
Darganfyddwch werth pob un o'r rhain.
(a) $g(3)$ **(b)** $g(-2)$ **(c)** $g(0)$

3 $h(x) = 5x - 3$
(a) Datryswch $h(x) = 7$.
(b) Ysgrifennwch fynegiad ar gyfer pob un o'r rhain.
    (i) $h(x - 2)$ **(ii)** $h(2x)$

4 $f(x) = 2x + 4$
(a) Datryswch $f(x) = 1$.
(b) Ysgrifennwch fynegiad ar gyfer pob un o'r rhain.
    (i) $2f(x)$ **(ii)** $f(2x + 3)$

5 $g(x) = 5x - 3$
(a) Datryswch $g(x) = 0$.
(b) Ysgrifennwch fynegiad ar gyfer pob un o'r rhain.
    (i) $g(x + 3)$ **(ii)** $2g(x) + 3$

6 $h(x) = x^2 + 2$
(a) Datryswch $h(x) = 6$.
(b) Ysgrifennwch fynegiad ar gyfer pob un o'r rhain.
    (i) $h(x + 3)$ **(ii)** $h(2x) + 1$

7 $f(x) = 2x^2 - 3x$
(a) Darganfyddwch werth $f(-2)$.
(b) Ysgrifennwch fynegiad ar gyfer pob un o'r rhain.
    (i) $f(x + 2)$ **(ii)** $f(3x)$

8 $g(x) = x^2 + 3x$
(a) Datryswch $g(x) = -2$

(b) Ysgrifennwch fynegiad ar gyfer pob un o'r rhain.
    (i) $3g(x) + 4$ **(ii)** $g(2x + 1)$

YMARFER 41.2GC

1 **(a)** Brasluniwch y graffiau hyn ar yr un diagram.
    (i) $y = -x^2$
    (ii) $y = 2 - x^2$
(b) Nodwch y trawsffurfiad sy'n mapio $y = -x^2$ ar ben $y = 2 - x^2$.

2 **(a)** Brasluniwch y graffiau hyn ar yr un diagram.
    (i) $y = x^2$
    (ii) $y = x^2 - 4$
(b) Nodwch y trawsffurfiad sy'n mapio $y = x^2$ ar ben $y = x^2 - 4$.

3 **(a)** Brasluniwch y graffiau hyn ar yr un diagram.
    (i) $y = x^2$
    (ii) $y = (x - 2)^2$
    (iii) $y = (x - 2)^2 + 3$
(b) Nodwch y trawsffurfiad sy'n mapio $y = x^2$ ar ben $y = (x - 2)^2 + 3$.

4 **(a)** Brasluniwch ganlyniad trawsfudo graff $y = \cos \theta$ â $\begin{pmatrix} 0 \\ 2 \end{pmatrix}$.

(b) Nodwch hafaliad y graff wedi'i drawsffurfio.

5 Nodwch hafaliad $y = \tan \theta$ ar ôl iddo gael ei drawsfudo â'r fectorau hyn.
(a) $\begin{pmatrix} 0 \\ 4 \end{pmatrix}$ **(b)** $\begin{pmatrix} 3 \\ 0 \end{pmatrix}$

6 Mae'r diagram yn dangos graff $y = f(x)$.

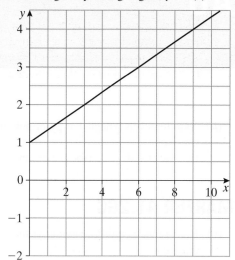

Copïwch y diagram a brasluniwch y graffiau hyn ar yr un echelinau.

(a) $y = f(x) - 3$ **(b)** $y = f(x - 3)$

7 Mae'r diagram yn dangos graff $y = g(x)$.

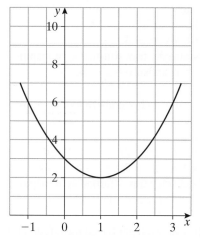

Copïwch y diagram a brasluniwch y graffiau hyn ar yr un echelinau.

(a) $y = g(x - 1)$ **(b)** $y = g(x) - 2$

8 Nodwch hafaliad y graff $y = x^2$ ar ôl iddo gael ei drawsfudo â $\begin{pmatrix} 3 \\ -4 \end{pmatrix}$.

9 Dyma graff cromlin sin wedi ei thrawsffurfio. Nodwch ei hafaliad.

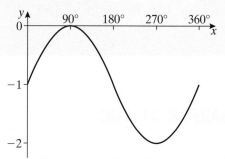

10 Mae graff $y = x^2 + 3x$ yn cael ei drawsfudo â $\begin{pmatrix} 2 \\ 3 \end{pmatrix}$.

     (a) Nodwch hafaliad y graff wedi'i drawsffurfio.

     (b) Dangoswch sut y gall yr hafaliad hwn gael ei ysgrifennu fel $y = x^2 - x + 1$.

YMARFER 41.3GC

1 (a) Mae'r diagram yn dangos braslun $y = f(x)$. Copïwch y braslun. Ar yr un diagram brasluniwch y gromlin $y = f(x) + 4$. Marciwch yn glir gyfesurynnau'r pwynt lle mae'r gromlin yn croesi'r echelin y.

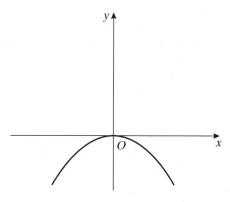

(b) Mae'r diagram yn dangos braslun
$y = g(x)$.
Copïwch y braslun. Ar yr un diagram
brasluniwch y gromlin $y = -g(x)$.

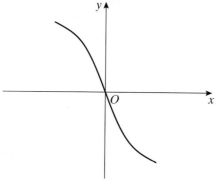

(c) Mae'r diagram yn dangos braslun
$y = h(x)$.
Copïwch y braslun. Ar yr un diagram
brasluniwch y gromlin $y = h(4x)$.

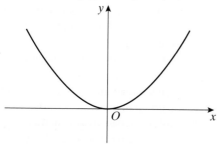

(ch) Mae'r diagram yn dangos braslun
$y = j(x)$.
Copïwch y braslun. Ar yr un diagram
brasluniwch y gromlin $y = j(x - 2)$.
Marciwch yn glir gyfesurynnau'r pwynt
lle mae'r gromlin yn croesi'r echelin x.

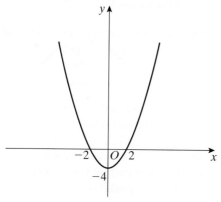

CBAC Mehefin 2005

2 **(a)** Mae'r diagram yn dangos braslun
$y = f(x)$.
Copïwch y braslun. Ar yr un diagram
brasluniwch y gromlin $y = f(x + 6)$.
Marciwch yn glir gyfesurynnau'r pwynt
lle mae'r gromlin yn croesi'r echelin x.

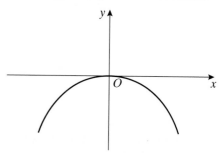

(b) Mae'r diagram yn dangos braslun
$y = g(x)$.
Copïwch y braslun. Ar yr un diagram
brasluniwch y gromlin $y = g(x) + 6$.
Marciwch yn glir gyfesurynnau'r pwynt
lle mae'r gromlin yn croesi'r echelin y.

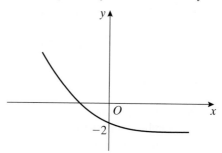

(c) Mae'r diagram yn dangos braslun $y = x^2$.
Copïwch y braslun. Ar yr un diagram
brasluniwch y cromliniau
(i) $y = -2x^2$
(ii) $y = 3 - 2x^2$

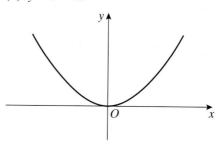

3 (a) Mae'r diagram yn dangos braslun y gromlin $y = x^2$. Copïwch y braslun ac ar yr un diagram brasluniwch y gromlin $y = 3x^2$.

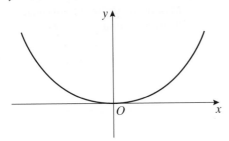

(b) Mae'r diagram yn dangos braslun y gromlin $y = g(x)$. Copïwch y braslun ac ar yr un diagram brasluniwch y gromlin $y = g(x) - 3$.

Marciwch yn glir gyfesurynnau'r pwynt lle mae'r gromlin yn croesi'r echelin y.

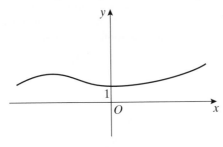

(c) Mae'r diagram yn dangos braslun y gromlin $y = h(x)$. Copïwch y braslun ac ar yr un diagram brasluniwch y gromlin $y = h(x - 2)$.

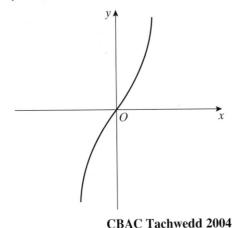

CBAC Tachwedd 2004

YMARFER 41.4GC

1 (a) Brasluniwch ar yr un diagram graffiau $y = \cos\theta$ ac $y = 2\cos\theta$ ar gyfer $0° \leqslant \theta \leqslant 360°$.

(b) Disgrifiwch y trawsffurfiad sy'n mapio $y = \cos\theta$ ar ben $y = 2\cos\theta$.

2 (a) Brasluniwch ar yr un diagram graffiau $y = \sin\theta$ ac $y = \sin 2\theta$ ar gyfer $0° \leqslant \theta \leqslant 360°$.

(b) Disgrifiwch y trawsffurfiad sy'n mapio $y = \sin\theta$ ar ben $y = \sin 2\theta$.

3 Disgrifiwch y trawsffurfiad sy'n mapio
(a) $y = \sin\theta + 1$ ar ben $y = \sin(-\theta) + 1$.
(b) $y = x^2 + 2$ ar ben $y = -x^2 - 2$.
(c) $y = x^2$ ar ben $y = 3x^2$.
(ch) $y = \sin\theta$ ar ben $y = \sin\dfrac{\theta}{3}$.

4 Mae graff $y = \sin\theta$ yn cael ei drawsffurfio ag estyniad unffordd yn baralel i'r echelin θ â ffactor graddfa $\frac{1}{4}$.
Nodwch hafaliad y graff sy'n ganlyniad i hyn.

5 Nodwch hafaliad graff $y = x^2 - 1$ ar ôl y trawsffurfiadau hyn.
(a) Adlewyrchiad yn yr echelin y
(b) Adlewyrchiad yn yr echelin x

6 Nodwch hafaliad graff $y = 4x + 1$ ar ôl y trawsffurfiadau hyn.
(a) Estyniad unffordd yn baralel i'r echelin y â ffactor graddfa 4
(b) Estyniad unffordd yn baralel i'r echelin x â ffactor graddfa $\frac{1}{2}$

7 Disgrifiwch y trawsffurfiad sy'n mapio $y = f(x)$ ar ben pob un o'r graffiau hyn.
(a) $y = f(x) - 2$ (b) $y = 3f(x)$
(c) $y = f(0.5x)$ (ch) $y = 4f(2x)$

8 $y = x^2 + 3$. Darganfyddwch hafaliad y graff ar ôl y trawsffurfiadau hyn.
(a) Adlewyrchiad yn yr echelin x
(b) Adlewyrchiad yn yr echelin y
(c) Estyniad unffordd yn baralel i'r echelin x â ffactor graddfa 0.5

9 Mae graff $y = x^2 - 2x$ yn cael ei estyn yn baralel i'r echelin x â ffactor graddfa 2.

   (a) Nodwch hafaliad y graff sy'n ganlyniad i hyn.

   (b) I ba bwynt y mae'r pwynt $(1, -1)$ yn mapio dan y trawsffurfiad hwn?

10 Hafaliad y graff hwn yw $y = a \sin b\theta$. Darganfyddwch a a b.

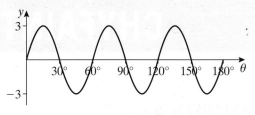

YMARFER 42.1GC

Trwy'r ymarfer hwn i gyd, mae llythrennau mewn mynegiadau algebraidd yn cynrychioli hydoedd ac nid oes gan rifau ddimensiynau.

1 Pa un/rai o'r mynegiadau canlynol allai fod yn hyd?
   (a) πd **(b)** $6x^2$ **(c)** $r(\pi + 4)$

2 Pa un/rai o'r mynegiadau canlynol allai fod yn arwynebedd?
   (a) $3ab(4c + d)$ **(b)** $20bh$ **(c)** $a^2 + 6b^2$

3 Pa un/rai o'r mynegiadau canlynol allai fod yn gyfaint?
   (a) $2\pi r^3$ **(b)** $4b(c + d)$ **(c)** $\pi r^2 h$

4 Nodwch a yw'r mynegiadau hyn yn cynrychioli hyd, arwynebedd neu gyfaint neu a yw'n ddisynnwyr.
   (a) $\pi r h$ **(b)** $2\pi r(r^2 + 2h)$ **(c)** $\frac{1}{2}(a + b)hp$ **(ch)** $\dfrac{12x^3}{ab}$

5 Mae gan bob un o'r meintiau canlynol nifer penodol o ddimensiynau. Rhowch ddimensiynau **pob** maint.
   (a) Cyfaint bwced.   **(b)** Radiws cylch.
   (c) Arwynebedd trawstoriad silindr.   **(ch)** Hyd pensil.
   (e) Y pellter i'r lleuad.   **(dd)** Arwynebedd maes pêl-droed.

📟 YMARFER 42.2GC

1 Darganfyddwch hyd arc pob un o'r sectorau hyn.
    Rhowch eich atebion i'r milimetr agosaf.

   (a) **(b)** **(c)**

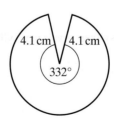
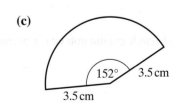

2 Darganfyddwch arwynebedd pob un o'r sectorau yng nghwestiwn **1**.

3 Darganfyddwch ongl y sector ym mhob un o'r sectorau hyn.
Rhowch eich atebion i'r radd agosaf.

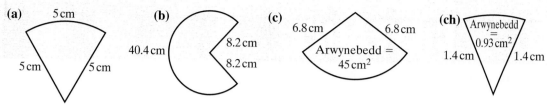

(a) 5 cm   5 cm   5 cm
(b) 40.4 cm   8.2 cm   8.2 cm
(c) 6.8 cm   6.8 cm   Arwynebedd = 45 cm²
(ch) Arwynebedd = 0.93 cm²   1.4 cm   1.4 cm

4 Darganfyddwch radiws pob un o'r sectorau hyn.

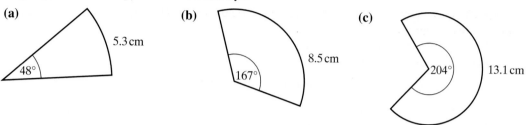

(a) 5.3 cm   48°
(b) 8.5 cm   167°
(c) 204°   13.1 cm

5 Radiws cylch yw 5.1 cm ac arwynebedd sector o'r cylch yw 38 cm².
Cyfrifwch ongl y sector a thrwy hynny darganfyddwch hyd arc y sector.

YMARFER 42.3GC

1 Darganfyddwch arwynebedd arwyneb crwm pob un o'r conau hyn.
Rhowch eich atebion i 3 ffigur ystyrlon.

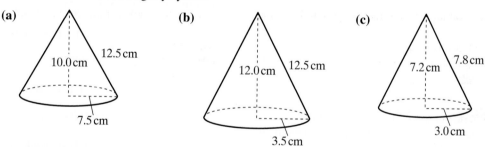

(a) 12.5 cm   10.0 cm   7.5 cm
(b) 12.0 cm   12.5 cm   3.5 cm
(c) 7.8 cm   7.2 cm   3.0 cm

2 Cyfrifwch gyfaint pob un o'r conau yng nghwestiwn **1**.

3 Cyfrifwch gyfaint pob un o'r pyramidau sylfaen sgwâr neu sylfaen betryal hyn.

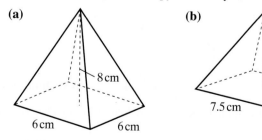
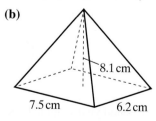
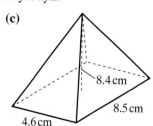

(a) 8 cm   6 cm   6 cm
(b) 8.1 cm   7.5 cm   6.2 cm
(c) 8.4 cm   8.5 cm   4.6 cm

4 Radiws sylfaen côn solet yw 6.1 cm ac uchder goledd y côn yw 8.4 cm.
Cyfrifwch ei arwynebedd arwyneb cyfan.

5 Mae gan byramid sylfaen betryal sydd â'i hochrau'n 4.5 cm a 6.0 cm.
Ei gyfaint yw 73.8 cm³. Darganfyddwch ei uchder.

6 Darganfyddwch radiws sylfaen pob un o'r conau hyn.
  (a) Cyfaint 256 cm³, uchder 7.8 cm
  (b) Cyfaint 343 cm³, uchder 6.5 cm
  (c) Cyfaint 192 cm³, uchder 10.4 cm

7 Mae côn yn cael ei ffurfio o sector cylch.
Darganfyddwch radiws sylfaen y côn sy'n cael ei wneud â'r sectorau hyn.
  (a) Radiws 8.1 cm, ongl 150°
  (b) Radiws 10.8 cm, ongl 315°
  (c) Radiws 7.2 cm, ongl 247°

8 Darganfyddwch arwynebedd arwyneb pob un o'r sfferau hyn.
  (a) Radiws 3.6 cm   **(b)** Radiws 8.5 cm   **(c)** Diamedr 36 cm

9 Darganfyddwch gyfaint pob un o'r sfferau yng nghwestiwn **8**.

10 Darganfyddwch radiws pob un o'r sfferau hyn.
  (a) Arwynebedd arwyneb 650 cm²   **(b)** Arwynebedd arwyneb 270 cm²
  (c) Cyfaint 1820 cm³   **(ch)** Cyfaint 3840 cm³

11 Radiws sffêr metel solet yw 6.5 cm. Mae'r sffêr yn cael ei doddi a'i ailfwrw yn gôn solet sydd â radiws ei sylfaen yn hanner ei uchder. Cyfrifwch radiws y côn.

CBAC Mehefin 2003

12 Uchder côn yw 3.5 cm a radiws ei sylfaen yw 1.2 cm. Uchder pyramid yw 2.3 cm ac mae ei gyfaint yr un fath â chyfaint y côn. Darganfyddwch arwynebedd sylfaen y pyramid.

CBAC Mehefin 2004

13 Radiws sffêr yw 3.5 cm. Radiws sylfaen côn sydd â'i gyfaint yn hafal i gyfaint y sffêr yw 4.5 cm. Cyfrifwch uchder y côn.

CBAC Ionawr 2005

14 Mae côn metel solet â'i radiws yn 8.2 cm yn cael ei doddi a'i ailfwrw yn byramid sylfaen sgwâr sydd â'r un uchder â'r côn. Cyfrifwch hyd ochr sylfaen y pyramid.

CBAC Mehefin 2005

15 Mae'r diagram yn dangos tegan sy'n cael ei wneud drwy osod côn ar hemisffer. Mae radiws sylfaen y côn a hefyd radiws yr hemisffer yn 4.6 cm. Uchder cyfan y tegan yw 9.8 cm. Darganfyddwch gyfaint y tegan.

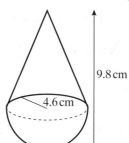

9.8 cm

4.6 cm

CBAC Ionawr 2006

16 Mae pob un o wynebau tetrahedron rheolaidd yn driongl hafalochrog â'i ochrau'n $2x$ cm. Dangoswch fod arwynebedd arwyneb y tetrahedron yn $4\sqrt{3}x^2$ cm².

CBAC Tachwedd 2003

1 Cyfrifwch arwynebedd pob un o'r segmentau sydd wedi'u tywyllu.

(a)

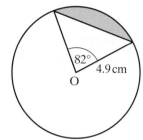

(b)

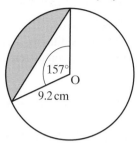

(c)

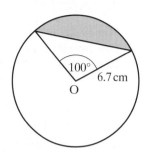

2 Mae cilbost concrit ar ffurf ciwboid 1.6 m wrth 30 cm wrth 30 cm sydd â sffêr ar ei ben. Radiws y sffêr yw 12 cm.
Cyfrifwch gyfaint y cilbost.

3 Cyfrifwch arwynebedd pob un o'r segmentau mwyaf sydd wedi'u tywyllu.

(a)

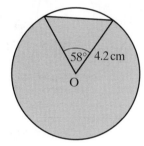

(b)

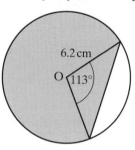

(c)

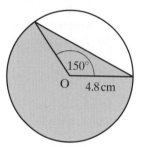

4 Radiws teisen ben-blwydd yw 9 cm a'i huchder yw 8 cm. Mae eisin yn gorchuddio'i rhan uchaf a'i hochrau.
Mae Mari'n cael tafell o'r deisen. Mae'n sector sydd â'i ongl yn 50°.
Cyfrifwch arwynebedd arwyneb yr eisin ar dafell Mari o'r deisen.

5 Cyfrifwch uchder perpendicwlar pob un o'r conau hyn a thrwy hynny darganfyddwch eu cyfaint.

(a)

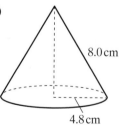

(b)

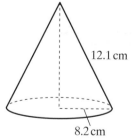

(c)

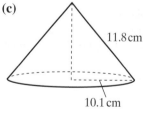

6 Radiws sylfaen côn solet yw 7.9 cm ac uchder y côn yw 11.8 cm.
   (a) Cyfrifwch ei gyfaint.
   (b) Darganfyddwch ei uchder goledd a thrwy hynny ei arwynebedd arwyneb cyfan.

7 Mae hanner uchaf côn yn cael ei dynnu i ffwrdd.
   Dangoswch fod cyfaint y ffrwstwm sy'n weddill yn $\frac{7}{8}$ o gyfaint y côn gwreiddiol.
   Pa ffracsiwn o arwynebedd arwyneb crwm y côn gwreiddiol yw arwynebedd arwyneb crwm y ffrwstwm?

8 Mae podiwm yn ffrwstwm côn. Uchder y ffrwstwm yw 1.2 m, diamedr ei ran uchaf yw 0.8 m a diamedr ei sylfaen yw 1.4 m.
   (a) Dangoswch fod y podiwm yn ffrwstwm côn sydd â'i uchder cyflawn yn 2.8 m.
   (b) Cyfrifwch gyfaint y podiwm.

9 Hyd ochrau sylfaen sgwâr pyramid yw 12.8 cm a chyfaint y pyramid yw 524 cm^3.
   (a) Cyfrifwch ei uchder.
   (b) Trwy hynny dangoswch mai hyd yr ymylon goleddol (sydd i gyd yr un hyd) yw 13.2 cm.

10 Mae cysgod lamp wedi ei wneud o ddarn o femrwn.
   (a) Darganfyddwch yn y ffurf $\dfrac{k}{\pi}$ ongl y sector o'r cylch mewnol sydd wedi cael ei dynnu i ffwrdd.
   (b) Trwy hynny cyfrifwch arwynebedd arwyneb y cysgod lamp.

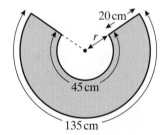

YMARFER 43.1GC

1 Mae bag yn cynnwys pum cownter coch, tri chownter gwyrdd a dau gownter melyn.
Beth yw tebygolrwydd dewis
(a) cownter coch neu gownter gwyrdd?
(b) cownter gwyrdd neu gownter melyn?

2 Pan fydd Mr Smith yn mynd ar wyliau y tebygolrwydd y bydd yn mynd i lan y môr yw 0.4, i gefn gwlad yw 0.35 ac i ddinas yw 0.25.
Beth yw'r tebygolrwydd y bydd yn mynd ar wyliau
(a) i gefn gwlad neu i'r ddinas?
(b) i lan y môr neu i'r ddinas?

3 Mae troellwr â'r rhifau 1 i 5 arno.
Mae'r tabl yn dangos y tebygolrwydd o gael rhif penodol.

Rhif	1	2	3	4	5
Tebygolrwydd	0.39	0.14	0.22	0.11	0.14

O droi'r troellwr unwaith beth yw'r tebygolrwydd o gael
(a) 1 neu 2?   (b) 3, 4 neu 5?
(c) odrif?   (ch) llai na 2?
(d) o leiaf 3?

4 Mae pedwar brenin a phedwar âs mewn pecyn o 52 o gardiau chwarae.
Mae cerdyn yn cael ei ddewis ar hap.
Beth yw'r tebygolrwydd y bydd y cerdyn yn frenin neu'n âs?

5 Mae darn arian yn cael ei daflu ac mae dis yn cael ei daflu.
Beth yw'r tebygolrwydd o gael 'tu pen' yn achos y darn arian ac eilrif yn achos y dis?

6 Mae dis cyffredin yn cael ei daflu deirgwaith.
Beth yw'r tebygolrwydd y bydd y dis yn glanio ar 6 bob tro?

7 Y tebygolrwydd y bydd tîm yr ysgol yn ennill eu gêm hoci nesaf yw 0.8.
Beth yw'r tebygolrwydd, yn eu dwy gêm nesaf
(a) y bydd y tîm yn ennill y ddwy gêm?
(b) na fydd y tîm yn ennill y naill gêm na'r llall?

8 Mae pob un o lythrennau'r gair MISSISSIPPI yn cael ei ysgrifennu ar gerdyn.
Mae'r cardiau'n cael eu cymysgu ac mae un yn cael ei ddewis.
Yna caiff y cerdyn hwn ei ddychwelyd i'r pecyn sy'n cael ei gymysgu eto.
Caiff ail gerdyn ei ddewis.
Beth yw'r tebygolrwydd y bydd y ddau gerdyn yn cynnwys
(a) P?
(b) S?
(c) cytsain?

9 Mae blwch yn cynnwys nifer mawr o leiniau coch a nifer mawr o leiniau gwyn.
Mae 40% o'r gleiniau yn goch.
Dewisir glain o'r blwch, nodir ei liw ac yna dychwelir y glain i'r blwch.
Yna dewisir ail lain.
Beth yw'r tebygolrwydd
(a) y bydd y ddau lain yn goch?
(b) y bydd y ddau lain yn wyn?
(c) y bydd un glain o'r naill liw a'r llall yn cael ei ddewis?

10 Mewn swp mawr o fylbiau golau y tebygolrwydd bod bwlb yn ddiffygiol yw 0.01.
Dewisir tri bwlb golau ar hap ar gyfer eu profi.
Beth yw'r tebygolrwydd
(a) y bydd y tri'n gweithio?
(b) y bydd y tri'n ddiffygiol?
(c) y bydd dau o'r tri yn ddiffygiol?

YMARFER 43.2GC

1 Mae Pat yn chwarae gêm bwrdd sydd â throellwr â'r rhifau 1 i 4 arno.
Mae hi'n troi'r troellwr ddwywaith.

   (**a**) Copïwch a chwblhewch y diagram canghennog.

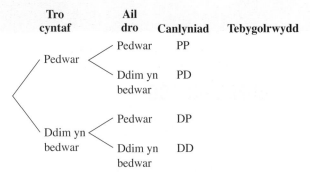

   (**b**) Defnyddiwch y diagram canghennog i gyfrifo'r tebygolrwydd y bydd Pat
     (**i**)   yn cael dau 4.   (**ii**)   yn cael un 4 yn unig.

2 Y tebygolrwydd y byddaf yn codi'n hwyr unrhyw ddiwrnod yw 0.3.

   (**a**) Lluniadwch ddiagram canghennog i ddangos minnau'n codi'n hwyr neu heb godi'n hwyr ar gyfer dau ddiwrnod.

   (**b**) Cyfrifwch y tebygolrwydd
     (**i**)   na fyddaf yn codi'n hwyr y naill ddiwrnod na'r llall.
     (**ii**) y byddaf yn codi'n hwyr un diwrnod allan o'r ddau.

3 Mae pum disg coch a thri disg glas mewn bag.
Dewisir disg, nodir ei liw ac yna dychwelir y disg i'r bag.
Yna dewisir ail ddisg.

   (**a**) Lluniadwch ddiagram canghennog tebygolrwydd i ddangos canlyniadau'r ddau ddewis.

   (**b**) Defnyddiwch y diagram canghennog i ddarganfod y tebygolrwydd
     (**i**)   y bydd y ddau ddisg yn goch.
     (**ii**) y bydd y ddau ddisg o'r un lliw.
     (**iii**) y bydd o leiaf un disg yn las.

4 Y tebygolrwydd y bydd Rhys yn ennill gêm wyddbwyll yw 0.6, y tebygolrwydd y bydd yn cael gêm gyfartal yw 0.3 a'r tebygolrwydd y bydd yn colli gêm yw 0.1.

   (**a**) Lluniadwch ddiagram canghennog i ddangos canlyniadau dwy gêm nesaf Rhys.

   (**b**) Cyfrifwch y tebygolrwydd y bydd
     (**i**)   Rhys yn ennill y ddwy gêm.
     (**ii**) Rhys yn ennill un o'r ddwy gêm.
     (**iii**) canlyniadau'r ddwy gêm yr un fath.

5 Ar ei ffordd i'r gwaith mae Carys yn mynd trwy dair set o oleuadau traffig.
Y tebygolrwydd y bydd y set gyntaf o oleuadau yn wyrdd pan fydd hi'n ei chyrraedd yw 0.6.
Y tebygolrwydd y bydd yr ail set yn wyrdd yw 0.7.
Y tebygolrwydd y bydd y drydedd set yn wyrdd yw 0.8.

   (**a**) Lluniadwch ddiagram canghennog tebygolrwydd i ddangos y canlyniadau posibl.

   (**b**) Beth yw'r tebygolrwydd y bydd hi'n gorfod stopio wrth
     (**i**)   y tair set o oleuadau?
     (**ii**) un set yn unig o oleuadau?
     (**iii**) o leiaf dwy set o oleuadau?

YMARFER 43.3GC

1 Mae pedwar glain du a thri glain gwyn mewn blwch.
Dewisir glain ar hap ac ni chaiff ei ddychwelyd. Yna dewisir ail lain.
  (a) Lluniadwch ddiagram canghennog tebygolrwydd i ddangos yr holl ganlyniadau posibl.
  (b) Darganfyddwch y tebygolrwydd y bydd
    (i) y ddau lain yn wyn.
    (ii) un glain o'r naill liw ac un glain o'r lliw arall.

2 Mae Ben yn dewis tri cherdyn ar hap o becyn normal o 52 o gardiau chwarae heb ddychwelyd yr un ohonynt.
Beth yw'r tebygolrwydd
  (a) y bydd y tri yn âs?
  (b) y bydd dau o'r tri yn âs?

3 Dywedir mai'r tebygolrwydd y bydd hi'n bwrw eira un diwrnod yn y gaeaf yw 0.2.
Os bydd hi'n bwrw eira y diwrnod hwnnw, y tebygolrwydd y bydd hi'n bwrw eira drannoeth yw 0.7.
Os na fydd hi'n bwrw eira, y tebygolrwydd y bydd hi'n bwrw eira drannoeth yw 0.1.
  (a) Lluniadwch ddiagram canghennog tebygolrwydd i ddangos y canlyniadau posibl.
  (b) Beth yw'r tebygolrwydd
    (i) y bydd hi'n bwrw eira y ddau ddiwrnod?
    (ii) na fydd hi'n bwrw eira y ddau ddiwrnod?
    (iii) y bydd hi'n bwrw eira o leiaf un diwrnod o'r ddau?

4 Pan fydd Elin yn mynd i'r ysgol bydd hi naill ai yn cerdded neu'n beicio neu'n teithio ar y bws.
Y tebygolrwydd y bydd hi'n cerdded yw 0.5 a'r tebygolrwydd y bydd hi'n beicio yw 0.2.
Os bydd hi'n cerdded y tebygolrwydd y bydd hi'n hwyr yw 0.4, os bydd hi'n beicio y tebygolrwydd y bydd hi'n hwyr yw 0.1, ac os bydd hi'n teithio ar y bws y tebygolrwydd y bydd hi'n hwyr yw 0.2.
Beth yw'r tebygolrwydd y bydd hi'n hwyr i'r ysgol?

5 Mae naw bachgen a phymtheg merch mewn dosbarth.
Mae tri phlentyn i gael eu dewis ar hap i gynrychioli'r dosbarth mewn cystadleuaeth.
Beth yw tebygolrwydd dewis
  (a) tair merch?
  (b) un ferch a dau fachgen?
  (c) o leiaf dwy ferch?

6 Mae reis yn cael ei werthu mewn bagiau mawr. Mae bag o reis yn gymysgedd o 60% o reis grawn hir gwyn a 40% o reis gwyllt du.
Mae dau ronyn o reis yn cael eu dewis ar hap.
Cyfrifwch y tebygolrwydd bod
  (a) y ddau ronyn yn reis gwyllt du,
  (b) o leiaf un gronyn o reis gwyllt du.
    CBAC Mehefin 2004

7 Mae blwch dewis yn cynnwys 20 toffi. Mae 3 â chanol caled, 7 â chanol meddal a 10 â chanol cnoadwy. Mae dau doffi yn cael eu dewis ar hap o'r blwch.
  (a) Cyfrifwch y tebygolrwydd bod canol cnoadwy gan y ddau doffi a ddewiswyd.
  (b) Cyfrifwch y tebygolrwydd bod canol caled gan o leiaf un o'r toffis a ddewiswyd.
    CBAC Tachwedd 2004

8 Mae bag yn cynnwys 25 gwm gwin. Mae 3 gwm gwin gwyrdd, 5 melyn, 8 du a 9 coch yn y bag. Mae dau gwm gwin yn cael eu dewis ar hap o'r bag.
  (a) Cyfrifwch y tebygolrwydd bod y ddau gwm gwin a ddewiswyd yn goch.
  (b) Cyfrifwch y tebygolrwydd bod o leiaf un o'r gymiau gwin a ddewiswyd yn felyn.
    CBAC Tachwedd 2005

9 Gwerthir cant o docynnau raffl. Mae'r tocynnau sy'n cael eu gwerthu â'r rhifau o 1 i 100 arnynt. Rhoddir y tocynnau raffl mewn drwm ar gyfer lotri. Tynnir dau docyn raffl, un tocyn ar y tro, heb eu rhoi yn ôl yn y drwm.
  (a) Darganfyddwch y tebygolrwydd mai odrif sydd ar un o'r tocynnau a dynnir ac eilrif sydd ar y llall.
  (b) Darganfyddwch y tebygolrwydd mai odrif sydd ar o leiaf un o'r tocynnau a dynnir.
    CBAC Tachwedd 2005

YMARFER 44.1GC

1 Ar bapur sgwariau, lluniadwch a labelwch fectorau i gynrychioli'r fectorau colofn hyn. Cofiwch roi'r saethau.

$$\mathbf{a} = \begin{pmatrix} 3 \\ 6 \end{pmatrix}, \qquad \mathbf{b} = \begin{pmatrix} 5 \\ -2 \end{pmatrix}, \qquad \mathbf{c} = \begin{pmatrix} -4 \\ 1 \end{pmatrix},$$

$$\mathbf{d} = \begin{pmatrix} 0 \\ 3 \end{pmatrix}, \qquad \mathbf{e} = \begin{pmatrix} -4 \\ 0 \end{pmatrix}, \qquad \mathbf{f} = \begin{pmatrix} -5 \\ -3 \end{pmatrix}$$

2 Ysgrifennwch fectorau colofn i gynrychioli'r fectorau hyn.

(a) $\overrightarrow{AB}$ **(b)** $\overrightarrow{CB}$ **(c)** $\overrightarrow{BC}$

(ch) $\overrightarrow{DC}$ **(d)** $\overrightarrow{DE}$ **(dd)** $\overrightarrow{ED}$

(e) $\overrightarrow{AD}$ **(f)** $\overrightarrow{EA}$

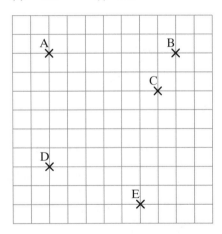

3 Darganfyddwch y fector colofn sy'n mapio'r pwynt

(a) (4, 3) ar ben (4, 7).

(b) (1, 3) ar ben (6, 7).

(c) (1, 7) ar ben (5, 1).

(ch) (5, −2) ar ben (3, 6).

(d) (4, 7) ar ben (−1, 3).

(dd) (7, −8) ar ben (−3, −3).

4 Ysgrifennwch bob un o'r fectorau hyn yn nhermau **a** a/neu **b** fel sydd yn y diagram.

(a) $\overrightarrow{AB}$ **(b)** $\overrightarrow{CD}$ **(c)** $\overrightarrow{EF}$

(ch) $\overrightarrow{GH}$ **(d)** $\overrightarrow{IJ}$ **(dd)** $\overrightarrow{KL}$

(e) $\overrightarrow{MN}$ **(f)** $\overrightarrow{PQ}$

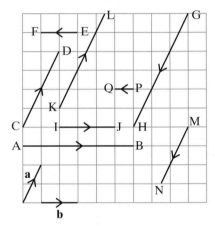

5 Hecsagon rheolaidd yw ABCDEF. O yw canol yr hecsagon.

Mae $\overrightarrow{OA} = \mathbf{a}$ ac mae $\overrightarrow{OB} = \mathbf{b}$

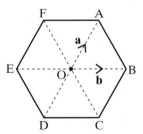

Ysgrifennwch bob un o'r fectorau hyn yn nhermau **a** a/neu **b**.

(a) $\overrightarrow{DC}$ **(b)** $\overrightarrow{DA}$ **(c)** $\overrightarrow{AF}$

(ch) $\overrightarrow{BE}$ **(d)** $\overrightarrow{BC}$ **(dd)** $\overrightarrow{AD}$

YMARFER 44.2GC

1 Mae'r diagram yn dangos y fectorau **a** a **b**.

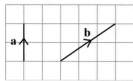

(a) Lluniadwch y fectorau **a** a **b** ar bapur sgwariau.

(b) Lluniadwch fectorau i gynrychioli pob un o'r rhain.

  (i) **a** + **b** (ii) **b** − **a**

  (iii) 2**a** + **b** (iv) 2**a** − **b**

  (v) **a** + ½**b**

2 $\mathbf{a} = \begin{pmatrix} 3 \\ 5 \end{pmatrix}$, $\mathbf{b} = \begin{pmatrix} -1 \\ 4 \end{pmatrix}$ ac $\mathbf{c} = \begin{pmatrix} 0 \\ 2 \end{pmatrix}$.

Cyfrifwch y rhain.

  (a) **a** + **b** (b) **a** − **b**

  (c) 2**a** + 3**b** (ch) 2**a** − **c**

  (d) **b** + 2**a** − ½**c** (dd) 2**a** − 3**b** + 5**c**

3 Paralelogram yw ABCD.
E, F, G ac H yw canolbwyntiau'r ochrau.
$\overrightarrow{AB} = \mathbf{p}$ ac $\overrightarrow{AD} = \mathbf{q}$

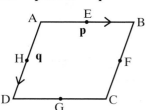

Darganfyddwch bob un o'r fectorau hyn yn nhermau **p** a **q**.

  (a) $\overrightarrow{AC}$ (b) $\overrightarrow{AF}$ (c) $\overrightarrow{ED}$

  (ch) $\overrightarrow{CE}$ (d) $\overrightarrow{FG}$

4 Trapesiwm yw ABCD.
$\overrightarrow{AD} = \mathbf{p}$ ac $\overrightarrow{AB} = \mathbf{q}$
$\overrightarrow{BC} = \frac{1}{2}\overrightarrow{AD}$

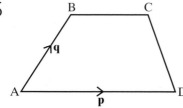

Darganfyddwch bob un o'r fectorau hyn, mor syml â phosibl, yn nhermau **p** a/neu **q**.

  (a) $\overrightarrow{BC}$ (b) $\overrightarrow{AC}$

  (c) $\overrightarrow{BD}$ (ch) $\overrightarrow{DC}$

5 Yn y diagram, mae P ddau draean o'r ffordd ar hyd AB.
$\overrightarrow{OA} = \mathbf{a}$ ac $\overrightarrow{OB} = \mathbf{b}$

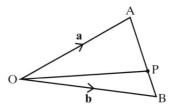

Darganfyddwch bob un o'r fectorau hyn, mor syml â phosibl, yn nhermau **a** a **b**.

  (a) $\overrightarrow{BA}$ (b) $\overrightarrow{BP}$ (c) $\overrightarrow{OP}$

6 Yn y diagram, llinellau syth yw AOD a BOC.
Mae hyd OD 3 gwaith cymaint â hyd AO.
Mae hyd OC 3 gwaith cymaint â hyd BO.
$\overrightarrow{OA} = \mathbf{a}$ ac $\overrightarrow{OB} = \mathbf{b}$

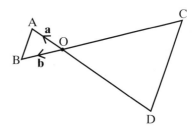

(a) Darganfyddwch bob un o'r fectorau hyn yn nhermau **a** a **b**.

  (i) $\overrightarrow{AB}$ (ii) $\overrightarrow{OD}$

  (iii) $\overrightarrow{OC}$ (iv) $\overrightarrow{CD}$

(b) Pa ddwy ffaith y gallwch eu casglu ynglŷn â'r llinellau AB ac CD?

7 Yn y diagram, mae $\overrightarrow{OA} = \mathbf{a}$ ac mae $\overrightarrow{OC} = \mathbf{c}$.
Mae D draean o'r ffordd ar hyd AC.

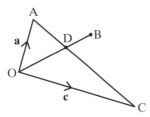

(a) Darganfyddwch bob un o'r fectorau hyn, mor syml â phosibl, yn nhermau **a** ac **c**.

   (i) $\overrightarrow{AC}$ (ii) $\overrightarrow{AD}$ (iii) $\overrightarrow{OD}$

(b) $\overrightarrow{OB} = \frac{3}{2}\overrightarrow{OD}$

Darganfyddwch bob un o'r fectorau hyn, mor syml â phosibl, yn nhermau **a** ac **c**.

   (i) $\overrightarrow{OB}$ (ii) $\overrightarrow{AB}$

(c) Pa ddwy ffaith y gallwch eu casglu ynglŷn â'r llinellau AB ac OC?

8 Mae'r diagram yn dangos ciwboid *ABCDHGFE* gydag *M* yn ganolbwynt *BF*.

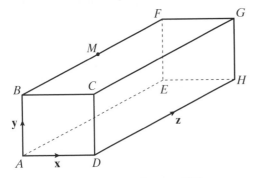

O wybod bod **AD** = **x**, **AB** = **y** a **DH** = **z**, mynegwch bob un o'r canlynol yn nhermau **x**, **y** a **z**. Rhowch eich atebion ar eu ffurf symlaf.

(a) **AC**   (b) **AM**   (c) **MH**

                       CBAC Mehefin 2003

9 Dangosir fectorau **OK**, **OL** ac **OM** yn y diagram isod.

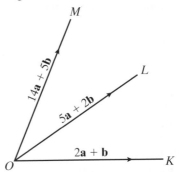

O wybod bod **OK** = 2**a** + **b**, **OL** = 5**a** + 2**b** ac **OM** = 14**a** + 5**b**:

(a) Mynegwch bob un o'r canlynol yn nhermau **a** a **b** ar eu ffurf symlaf.

   (i) **KL**   (ii) **KM**

(b) Dangoswch fod **KM** = p**KL** lle mae p yn gysonyn.

(c) Eglurwch yn llawn oblygiad geometregol eich ateb yn rhan (*b*).

                       CBAC Tachwedd 2003

10 Mae'r diagram yn dangos pedrochr *OABC*.

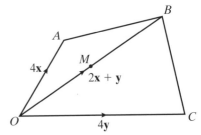

Yn y pedrochr *OABC*, rhoddir y fectorau **OA**, **OB** ac **OC** gan **OA** = 4**x**, **OB** = 6**x** + 2**y** ac **OC** = 4**y**.

(a) O wybod mai *M* yw canolbwynt *OB*, mynegwch bob un o'r canlynol yn nhermau **x** ac **y** ar eu ffurf symlaf.

   (i) **AC**   (ii) **OM**   (iii) **AM**

(b) Ydy *M* ar y llinell *AC*? Rhowch reswm dros eich ateb.

                       CBAC Tachwedd 2005

11 Mae'r diagram yn dangos hecsagon *ABCDEF*.

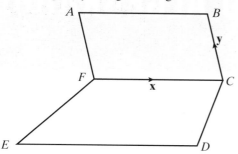

Mae *ABCF* yn baralelogram.

FC = **x**, **CB** = **y**, **DC** = $\frac{1}{2}$(4**x** + **y**) ac

EF = $\frac{1}{2}$(8**x** + **y**).

(a) Mynegwch bob un o'r canlynol yn nhermau **x** ac **y**. Rhowch eich atebion ar eu ffurf symlaf.

    (i) AB   **(ii) FB**   **(iii) ED**

(b) Nodwch y berthynas geometregol rhwng *FC* ac *ED*.

CBAC Tachwedd 2005

12 Mae'r diagram yn dangos tri fector **OA**, **OB** ac **OC**.

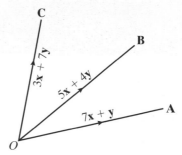

O wybod bod **OA** = 7**x** + **y**, **OB** = 5**x** + 4**y** ac **OC** = 3**x** + 7**y**:

(a) Mynegwch bob un o'r canlynol yn nhermau **x** ac **y** ar eu ffurf symlaf.

    (i) AO   **(ii) AB**   **(iii) AC**

(b) Nodwch **ddwy** berthynas geometregol rhwng *AB* ac *AC*.

(c) O wybod bod **OD** = 2**OB**,

    (i) darganfyddwch **OD**,

    (ii) nodwch pa fath o bedrochr yw *OADC*.

CBAC Mehefin 2004

YMARFER 45.1GC

Symleiddiwch y rhain.

1. $\dfrac{x+4}{3} + \dfrac{x-1}{2}$

2. $\dfrac{x+5}{3} - \dfrac{x+3}{4}$

3. $\dfrac{x-3}{2} - \dfrac{x-5}{3}$

4. $\dfrac{4x+3}{2} - \dfrac{3x-2}{4}$

5. $\dfrac{2}{x+3} + \dfrac{x-1}{3}$

6. $\dfrac{2}{x-5} + \dfrac{x+4}{2}$

7. $\dfrac{3x+4}{5} - \dfrac{3}{2x-1}$

8. $\dfrac{5x+4}{3x-2} + \dfrac{5}{4}$

YMARFER 45.2GC

Symleiddiwch y rhain.

1. $\dfrac{3}{x+2} + \dfrac{2}{x-1}$

2. $\dfrac{4}{x-3} + \dfrac{x+3}{2x}$

3. $\dfrac{x+5}{2x} - \dfrac{3x}{x+2}$

4. $\dfrac{x+5}{x-3} - \dfrac{x-3}{x+2}$

5. $\dfrac{1}{x+4} - \dfrac{3}{x-5}$

6. $\dfrac{x}{x-3} + \dfrac{x-2}{x+1}$

7. $\dfrac{3x+2}{x-5} - \dfrac{x-3}{x-4}$

8. $\dfrac{2x+3}{3x+1} - \dfrac{x-2}{2x+5}$

YMARFER 45.3GC

Datryswch y rhain.

1. $\dfrac{x-3}{2} - \dfrac{x-2}{3} = 1$

2. $\dfrac{5}{x-4} = \dfrac{3}{x-2}$

3. $\dfrac{1}{4x-3} = \dfrac{1}{3x+2}$

4. $\dfrac{3-x}{4} + \dfrac{2x+5}{3} = 1$

5. $\dfrac{x-2}{5} - \dfrac{2x-3}{4} = \dfrac{1}{3}$

6. $\dfrac{3x}{x+4} + \dfrac{2x}{5x-2} = \dfrac{3}{2}$

7. $\dfrac{2}{3x+1} - \dfrac{5}{x+3} = 0$

8. $\dfrac{3}{x-2} - \dfrac{1}{x+1} = 1$

9. $\dfrac{2}{2x+3} + \dfrac{1}{x+2} = 3$

YMARFER 46.1GC

Ym mhob un o'r cwestiynau, darganfyddwch faint yr ongl neu'r hyd sy'n cael ei nodi â llythyren fach. Rhowch reswm dros bob cam o'ch gwaith.

1

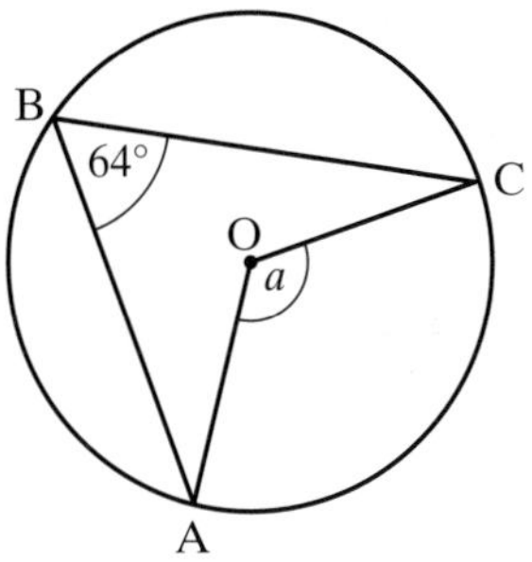

2

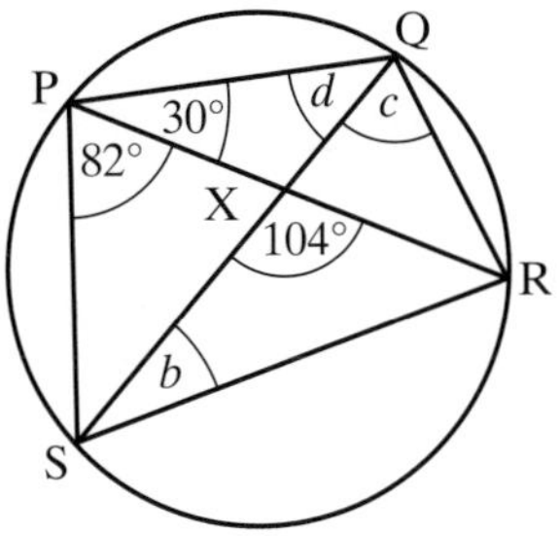

3

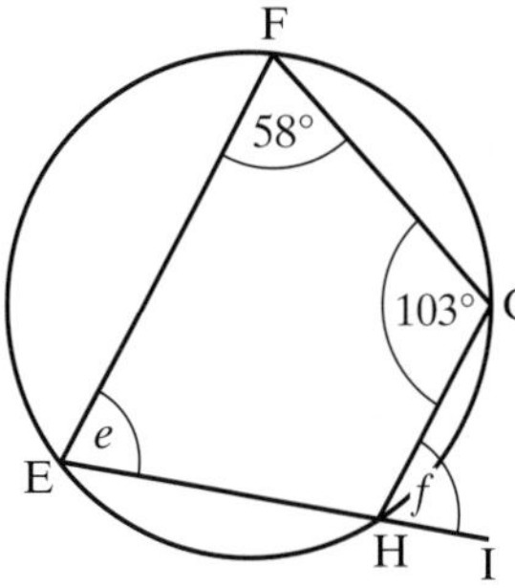

4

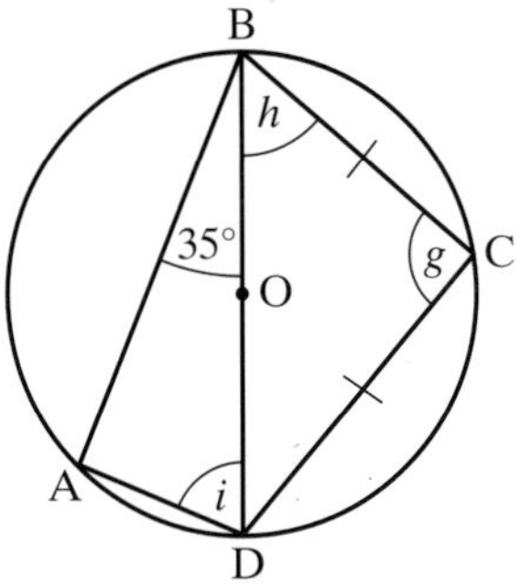

5

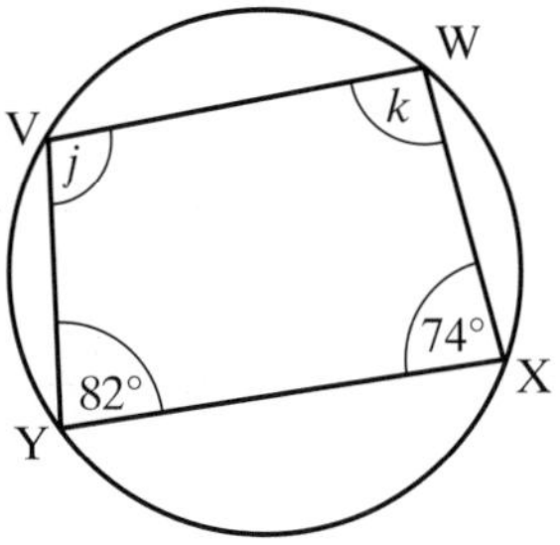

6

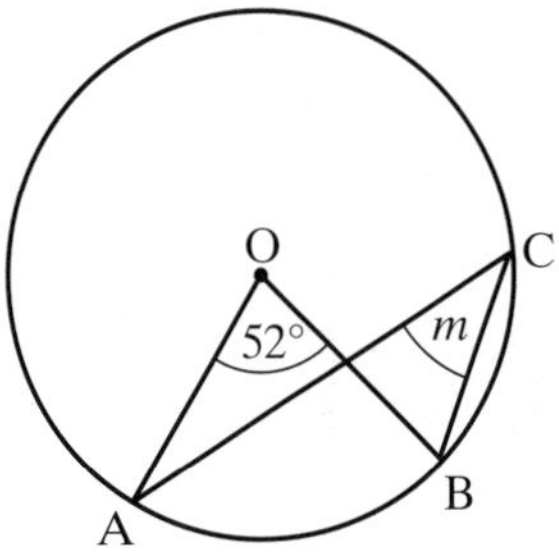

7

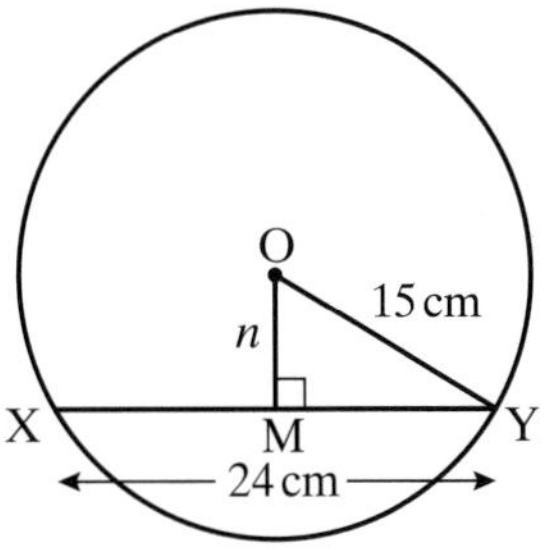

8

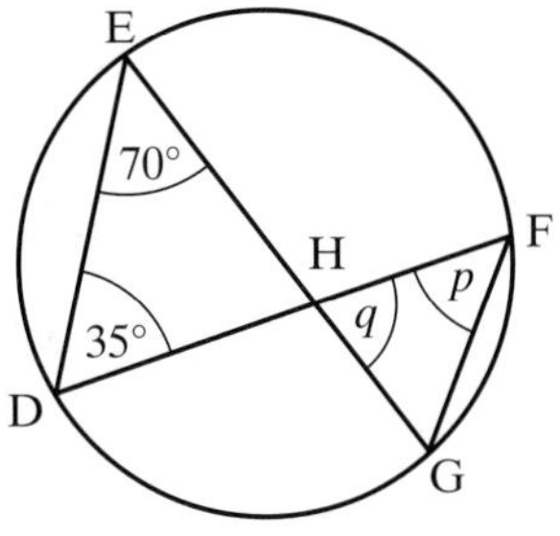

9

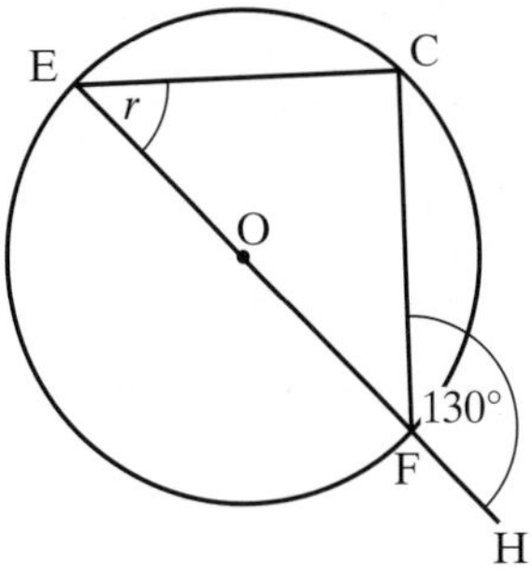

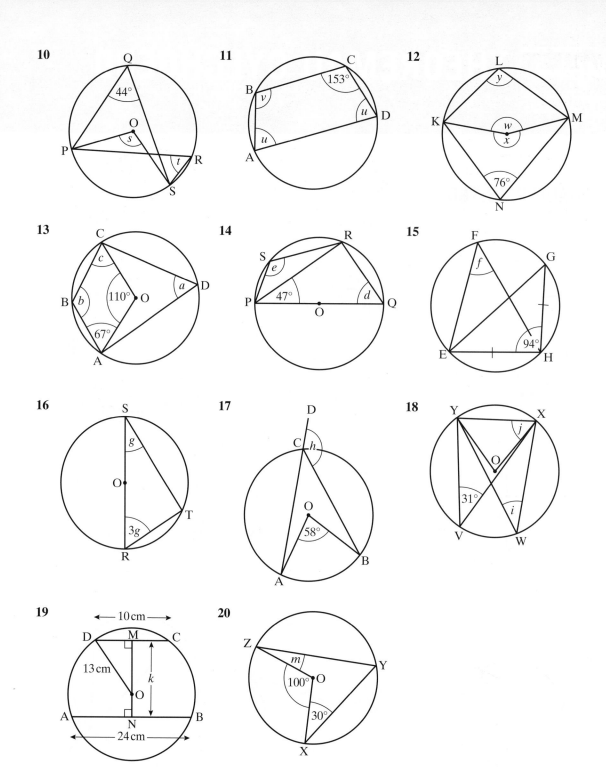

10

11

12

13

14

15

16

17

18

19

20

YMARFER 46.2GC

Ym mhob un o'r cwestiynau, darganfyddwch faint yr onglau sy'n cael ei nodi â llythyren fach. Rhowch reswm dros bob cam o'ch gwaith.

1
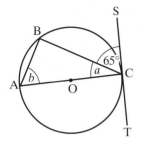

2
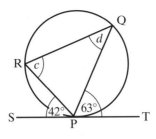

3
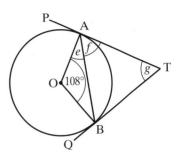

4
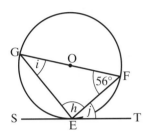

5
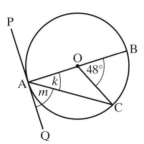

6
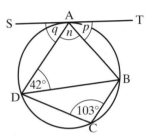

7
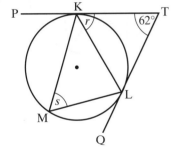

8
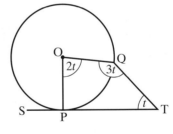

9
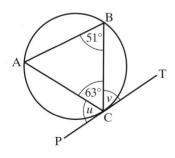

10
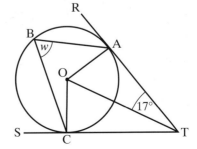